KB209544

좌충우돌 엄마의 유라시아 횡단기

좌충우돌 엄마의 유라시아 횡단기

발행일 2024년 11월 28일

지은이 한미영
펴낸이 손형국
펴낸곳 (주)북랩
편집인 선일영
편집 김은수, 배진용, 김현아, 김다빈, 김부경
디자인 이현수, 김민하, 임진형, 안유경, 한수희
제작 박기성, 구성우, 이창영, 배상진
마케팅 김회란, 박진관
출판등록 2004. 12. 1(제2012-000051호)
주소 서울특별시 금천구 가산디지털 1로 168, 우림라이온스밸리 B동 B111호, B113~115호
홈페이지 www.book.co.kr
전화번호 (02)2026-5777
팩스 (02)3159-9637

ISBN 979-11-7224-396-8 03980 (종이책) 979-11-7224-397-5 05980 (전자책)

부산에서 포르투갈까지 자동차로 왕복한
엄마의 대담한 유라시아 모험기

좌충우돌 엄마의 유라시아 횡단기

한미영 지음

북랩

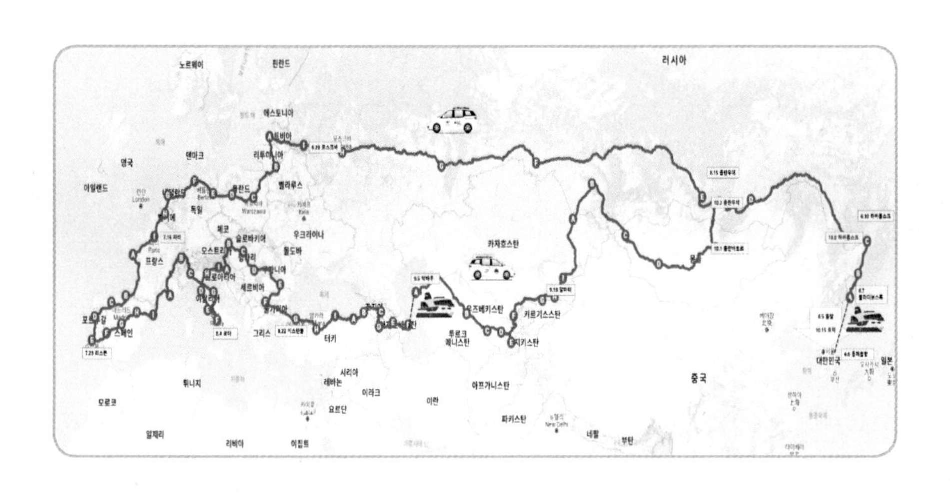

자동차 타고 133일간

43,000km^2 30개국 128개 도시를 거쳐

유라시아 대륙을 완주한

엄마의 유라시아 대륙 정복기!

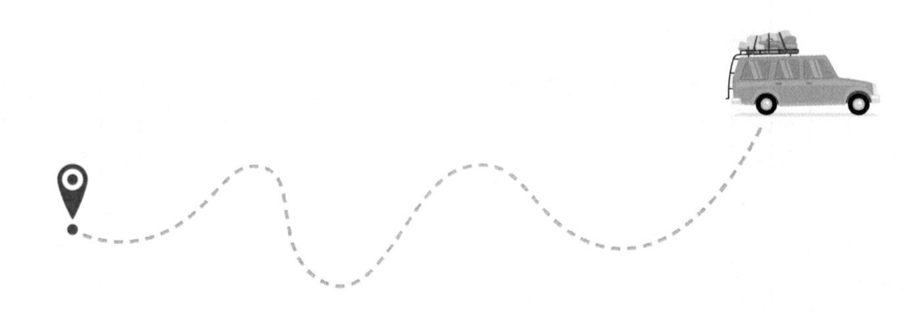

들어가는 말

부산을 너무나도 사랑하는 서울 여자이다. 18년 전쯤 부산 남자인 남편을 따라 부산에 내려온 후 항구 도시 부산의 매력에 빠져 살고 있다. 10년 넘게 운영하던 영어 어학원을 정리하고 우연한 기회에 전공과는 무관한 친환경 수소 선박 프로젝트의 홍보업무를 맡았다. 5년여 동안 일하면서 조선 해양에 관심을 가지게 되었고 자연스레 부산을 깊이 있게 들여다보는 계기가 되었다. 대학원에서 브랜딩 공부도 시작했다.

그러던 어느 날 바이크 타고 유라시아 대륙을 다녀온 지인의 이야기를 들었다. 그 당시 이병한 교수의 『유라시아 견문 1, 2, 3』에 빠져 있던 때라 유라시아 대륙과 여행 생각이 머릿속에서 떠나질 않았다.

그러던 차에 부산이 국제관광도시로 선정되어 글로벌한 콘텐츠를 모집한다는 기사를 보았다. '이거다!' 생각하고 부산을 '유라시아 대륙의 출발점'으로 알리는 것이 부산 도시 브랜딩으로 이만한 것이 없다고 생각했다.

유라시아 대륙횡단 프로젝트를 본격적으로 진행하기 위해 2019년도에 비영리 사단법인 트랜스유라시아를 만들었다. 주위 분들의 도움으로 부산의 대표 언론사와 금융기관, 대학과 연결되었고 함께 참여하게 되었다. 3년여의 준비 끝에 전국에서 모인 30여 명의 참가자와 함께 2022년도 대륙횡단에 도전, 완주에 성공했다.

2022년에는 부산의 최대 현안인 2030 부산월드엑스포 홍보를 위해 프랑스 파리에 있는 BIE 사무국을 직접 방문해 시민 청원서를 전달했다. 횡단하는 동안 촬영한 영상이 부산국제영화제 다큐멘터리 부분 상영작으로 선정되었고, 이 영상을 BIE 사무국에 전달하기 위해 2023년도에 다시 BIE 사무국을 방문했다.

돌이켜 보건대 2022년도 코로나와 우크라이나 전쟁 시기에 대륙을 횡단한 팀은 우리밖에 없을 거라고 본다. 특히 2만km를 달려와서 청원서를 전달한 팀은 BIE 역사상 전무후무한 일이 될 것이다.

내후년 2026년에 유라시아 대륙횡단을 준비하고 있다. 아시안하이웨이 1번과 6번의 출발점이 부산 유라리 광장 인근 교차로이다. 이 도로를 타고 달리면 유라시아 대륙 끝까지 갈 수 있다. 지금은 동해에서 블라디보스토크까지 배를 타고 이동한 후 대륙을 달리지만 언젠가는 이 도로를 타고 대륙 끝까지 가는 날이 올 거라고 믿는다.

자동차를 타고 유라시아 동쪽 끝인 부산에서 출발해서 서쪽 끝인 포르투갈 호카곶까지 가는 동안 지리적 상상력을 유라시아 대륙으로 확장하고, 경제적 국경선을 확장해야 한다고 생각한다. 많은 사람, 특히 젊은 세대들이 꼭 가 봐야 한다고 생각한다. 대륙을 본 자와 못 본 자의 생각의 크기는 다르다. 부산에서 우리가 먼저 시작했으니 누군가가 이어서 계속해야 하고 할 것이라고 믿는다.

시대를 놓치지 않으려는 호기심과 유목민의 의식이 나를 새로운 도전으로 이끌었고 꿈꾸게 했다. 횡단하는 동안 수십 권의 e-book을 읽을 만큼 책 읽기도 좋아한다. 《부산일보》, 《국제신문》 등의 매체에 칼럼을 썼다. 유라시아 대륙 횡단기 출판을 도와주신 나호주 님, 손준영 님, 장현정 님 등 여러분들과 언제나 든든한 지원자인 가족들에게 감사의 말씀을 전한다.

2024년 11월 한미영

목차

프롤로그

러시아

유럽

반환점을 돌아 부산을 향하여

동유럽

중앙아시아

러시아를 통과하며

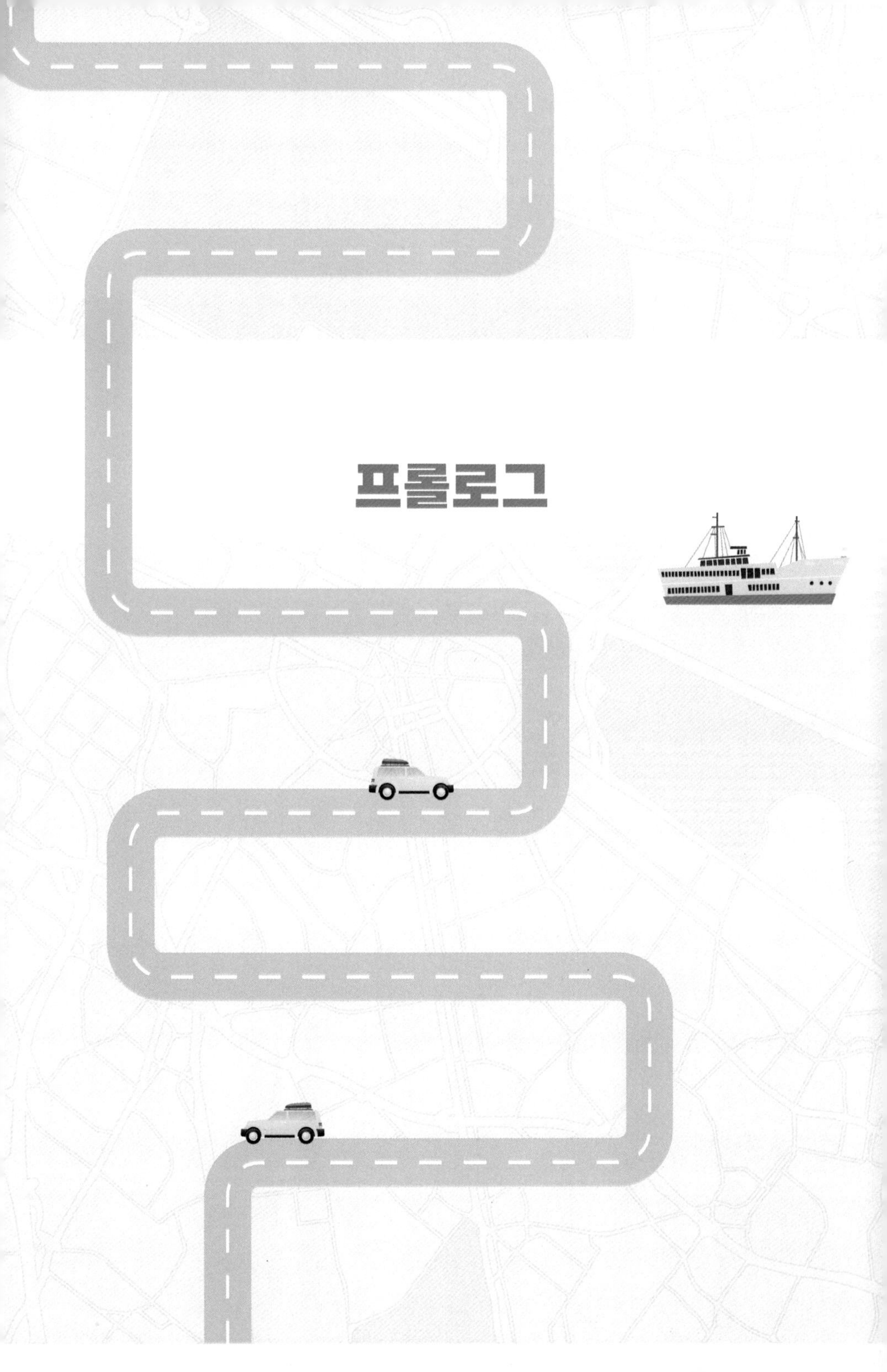

프롤로그

부산, 그 시작을 준비하며

2022년 6월 5일부터 10월 12일까지 133일간의 43,000km 여정을 담았다. 전국에서 모인 30여 명이 8대의 SUV 차량에 나눠타고 부산에서 출발하여 몽골, 러시아, 라트비아, 리투아니아, 폴란드, 독일, 네덜란드, 벨기에, 프랑스, 스페인, 포르투갈, 이탈리아, 크로아티아, 오스트리아, 슬로베니아, 헝가리, 루마니아, 불가리아, 튀르키예, 조지아, 러시아, 카자흐스탄, 우즈베키스탄 등 30개국 128개 도시를 경유하였다.

자동차를 타고 43,000km의 유라시아 횡단을 하는 데 필요한 두 가지는 '함 해 보자'와 '내 손안의 모든 정보인 스마트폰'이었다.

많은 사람이 묻는다. 아니 전문가도 아닌 사람들이 어떻게 43,000km를 달렸으며, 잠은 어디서 자고, 먹는 것은 어떻게 해결했냐고. 수도 없이 받은 질문들이다.

이 책을 읽어보면 너무 쉬워서 허탈할지도 모르겠다. 그만큼 '하면 된다'라는 믿음이 있으면 어떤 일이 일어나는지, 디지털 세상에서 스마트폰만 있으면 어떻게 생활할 수 있는지를 기록하였다.

맛집 찾을 때 어떻게 하는가? 차 타고 어딘가를 갈 때 어떻게 하는가? 손안에 들고 있는 핸드폰으로 다 해결하지 않는가? 이 책을 읽으면 광복동 맛집 찾듯이, 서면의 길 찾듯이 유라시아도 마실 삼아 갔다 올 수 있다. 유라시아로 마실 가자! 내 손 안의 스마트폰 들고.

이것을 알려주고 싶었다. 그래서 부산 - 블라디보스토크 - 모스크바 - 유럽 - 포루투칼 훗카곶 - 튀르키예 - 중앙아시아로 돌아오는 기록을 남겨서 누구나 쉽게 갔다 올 수 있는 코스와 방법들을 기록했다. 그래서 우리의 미래 세대들에게 지리적 상상력을 넓히고 경제적 국경선을 유라시아로 확장하라고 말하고 싶었다.

딱 두 가지만 있으면 된다. '할 수 있다는 마음'과 '스마트폰'이다.

의사소통과 숙박 예약, 식당 정보 등 핸드폰 하나로 다 가능하다. 한국에서 내비게이션으로 길 찾아가듯, 한국에서 맛집 정보 찾듯 유라시아 어디에서도 할 수 있다.

다니면서 핸드폰 동영상으로 촬영했던 영상이 부산국제영화제 다

사색의향기
TRANS EURASIA
2022 유라시아평화원정대

TRANS EURASIA

큐멘터리 단편영화 상영작으로 선정되었다. KBS 세상다반사에서도 방송되었다.

책에는 매일의 이동 경로와 주행 거리, 도로 상태, 숙소와 미리 알아두면 좋은 정보들과 에피소드 위주로 정리했다.

스마트폰만 있으면 러시아도 부산이고, 파리도 부산이고, 키르기스스탄도 부산이다.

부산이라면 다 할 수 있지 않은가? 먹고, 자고, 운전하고. 부산에서 할 수 있는 것처럼 유라시아 대륙에서도 할 수 있게 해주는 것. 그것을 이 책에 담았다.

엄마 요새 뭐해?

트랜스 유라시아 랠리, 가슴에 담다!

부산이 한창 국제관광도시로 글로벌한 콘텐츠를 모집하고 있던 시기였다. "부산을 어떻게 브랜딩하는 게 좋을까?"라는 생각을 하고 있었다. 우연히 지인으로부터 바이크로 유라시아 대륙을 횡단했다는 이야기를 들었다. 이 말을 듣는 순간 브랜드 전문가로서 무조건적 반응이라고나 할까. 아, 이거다! 싶었다.

부산은 유라시아의 가장 동쪽 끝이고, 유라시아의 가장 서쪽 끝은 포르투갈의 호카, Caboda Roca. 유라시아 대륙으로 보면 동쪽 끝에서 출발해서 서쪽 끝까지 가는 프로젝트를 '함 해 보자'고 생각했다.

부산이 유라시아의 시작점이라는 것은 우리가 주장하는 게 아니다. 아시안하이웨이 1번과 6번, 즉 대륙의 출발점이 바로 부산 중구의 교차로라고 표지판이 세워져 있다. 유라리 광장에도 표지석이 세워져 있고 국제적으로도 공인이 되어 있다. 그런데 부산에 살고 있는 사람

들조차도 아직 잘 모르고 있는 것 같았다. 그래서 전 세계인에게 브랜딩하기에 이만한 것이 없겠다 싶었다.

유라시아의 시작점인 부산에 모여서 "유라시아를 횡단해서 서쪽 끝까지 가 보자", "유라시아를 횡단하고 싶으면 부산으로 오세요" 그렇게 유라시아 횡단을 시작하게 되었다.

한반도를 이으면 어떻게 될까?

유라시아 대륙의 끝에 와 보니 많은 생각이 들었다. 우리가 이 프로젝트를 계속하다 보면 언젠가는 남북의 길도 연결될 것이라는 생각이 제일 먼저 들었다. 남북 도로가 연결되어 자동차로 달리게 되면 이것이 유라시아 대륙의 완성이 될 것이다. 세상의 모든 전쟁은 길을 막아서 벌어지는 전쟁이다. 길을 통과만 시키면 전쟁이 벌어질 이유가 없다.

우리가 이 프로젝트를 계속해서 하다 보면 언젠가는 남북이 연결되어서 유라시아 대륙으로 바로 가는 날이 반드시 올 거라는 확신이 들었다.

부산이 세상의 중심이다

블라디보스토크 시베리아횡단 열차역 1층 매표소에 가면 큰 지도가 붙어있다. 노선도다. 맨 오른쪽 끝에는 블라디보스토크역이 있고 그 밑에는 다음 목적지를 가리키는 행선지가 평양이라고 적혀 있다. 그런데 괄호 열고 평양 적혀 있고 괄호가 안 닫혔다. 평양만 괄호가 열려 있다.

그다음이 콤마 찍고 부산을 쓰고 괄호를 닫을 거라고 한다. 미래의 도시는 결국 부산이 될 거다.

코로나 때문에 가겠나?

횡단 준비하면서 이 년 동안 가장 많이 들었던 이야기다. 지금 코로나19가 난리인데 이 시기에 너희가 어떻게 가려고 하냐. 그리고 코로나가 조금 잠잠해지니까 갑자기 우크라이나-러시아 전쟁이 벌어졌다.

코로나 때문에 못 가는 게 아니라 코로나가 주는 위험성 때문에 못 가고, 전쟁 때문에 못 가는 것이 아니라 전쟁의 위험성 때문에 못 간다. 라고 말하고 싶었다. 그 위험성만 감수한다면 충분히 육로로는 갔다 올 수 있겠다 싶어서 참가자들과 같이 의지를 가지고 극복하자고 했다.

2022년도에 135일 동안 진행했던 이 행사가 아마 그 시기에 세계적으로 유일한 행사였을 거라고 생각한다. 그래서 지금은 참 잘 갔다 왔다는 생각이 든다. 위험하지 않았냐고 물어보면 지금은 뭐, 머리 위로 미사일 조금 날아다니고 그랬는데 그런 거 다 극복하고 다녀왔다고 농담 삼아 말하곤 한다.

러시아-우크라이나 전쟁이 났다!

처음 이 프로젝트를 시작할 때만 해도 부산이 글로벌 관광도시 이슈가 있어서 많은 사람들이 기대도 하고 관심을 가지고 참여했다. 그런데 실제로 진행해 보니 해결해야 할 문제가 많았다. 워낙 장거리를 여러 사람이 움직여야 되니까 준비해야 할 것도 많고 변수에 대한 대비도 해야 했다. 그런데 그 와중에 코로나가 터지면서 다음을 기약하며 많이 떨어져 나갔다. 코로나가 좀 풀리는가 싶었더니 전쟁이 터졌다. 그러다 보니 '이렇게까지 하면서 가야 하냐'란 의견들이 많았다.

눈앞에서 폭탄이 떨어지면 어떡하지? 우리가 단체로 무슨 일이라도 당하면 어떡하지?

세계는 전쟁으로 발칵 뒤집혔는데 막상 러시아에 들어가 보니 나라 자체가 워낙 커서 그런지 전쟁이 아닌 지역에서는 전쟁 중이라는 걸 느끼지도 못할 정도로 평화롭게 지내고 있었다.

우리가 알고 있는 게 전부가 아닐 수 있고 과하게 걱정하는 것일 수도 있다고 생각했다.

출발할 수 있을까?

지인들은 멋있다고 했고 가족들은 걱정했다. 안 가면 안 되냐고 했다. 대륙횡단을 여러 번 했던 베테랑들과 함께 가니 아무 걱정하지 말라고 했다. 말은 안 했지만 내 마음도 흔들리고 있었다. 예측이 안 되는 상황에 대한 걱정과 불안 때문이었다.

이 많은 사람이 안전하게 잘 다녀올 수 있을까? 모르는 길을 자동차 운전하면서 이동하는데 다치지 않고 잘 다녀올 수 있을까? 친하지도 않은 이 사람들이 원만하게 긴 기간을 잘 지낼 수 있을까? 아직도 우리에게 소련으로 더 익숙한 러시아를 잘 통과할 수 있을까? 특히 전쟁까지 일으킨 지역을?

단체로 순례 떠난 사람들이 피랍되는 장면을 TV에서 본 게 생각나기도 했다.

걱정의 대부분은 안전이었다. 걱정한다고 안전이 확보되는 건 아니었다. 가장 안전하다는 내 집에 있어도 사고가 나지 않는가. 쇼핑하러 들어갔던 백화점 건물이 갑자기 무너지는 것을 보지 않았나. 그렇다. 하늘에 맡기자. 조심하되 당당하게 치고 나가자.

마음이 차분해졌다. 대륙이 내 눈에 들어오기 시작했다.

3년의 준비 끝에 드디어 출발

두근두근 드디어 대륙을 향한 첫걸음이 시작되었다. 원정대장 진두지휘 아래 동해로 자동차 화물 부치러 갔다. 무전기로 교신하면서.

동해 묵호항으로 가는 길이 참 맑고 깨끗했다.

△ 동해 묵호항에서 자동차 선적하면서

이제부터 각 나라의 하늘과 공기를 마음껏 마실 터.

자동차는 동해에서 화물로 보내고 사람은 인천공항에서 비행기 타고 몽골 울란바토르로 출발했다.

몽골로 우회해서

러시아로 바로 들어갈 수 없어서 몽골로 우회해서 가기로 했다. 중앙아시아 유목민들의 거주지였던 게르에서 하룻밤 묶고 아침 일찍 출발했다. 울란바토르를 거쳐 러시아 국경 통과해서 3시간 정도 더 가면 울란우데다. 부산 출발 4일 차 새벽에 볼셰비키 혁명의 의미를 담고 있는 붉은 영웅의 도시 울란바토르로 들어간다.

△ 몽골 쑤흐바타르 광장 쑤흐바타르 동상

몽골에서 러시아 가는 길

몽골에서는 동물이 사고가 났거나 자연사했을 경우 거두지 않는다고 한다. 그 이유는 자연의 품으로 돌아갔다고 믿기 때문이다. 드넓은 초원에서 자연의 일부로 인간의 존재를 느낀다.

일정상 새벽 5시부터 저녁 9시까지 16시간째 버스로 이동했다. 그 사이 몽골에서 러시아로 국경을 넘고 몽골의 넓은 초원은 러시아의 회색 건물들로 바뀌고 있었다.

△ 드넓은 초원에서 한가롭게 풀을 뜯고 있는 소와 말들

△ 어딜가나 걸려 있는 칭기즈칸 그림

△ 우리 음식 맛과 비슷한 몽골 음식들

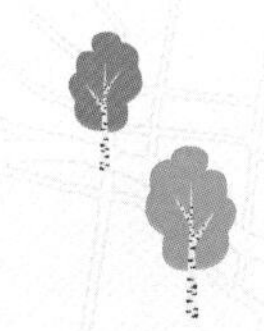

러시아

이동 경로 및 숙소 정보

몽골 울란바타르 → 몽골 알탄불락, 러시아 캬흐타 → 울란우데 → 이르쿠츠크 → 리스트비앙카 → 이르쿠츠크 → 블라디보스토크 → 우수리스크 → 하바롭스크 → 스보보드니 → 모고차 → 치타 → 울란우데 → 이르쿠츠크 → 니즈네우딘스크 → 아친스크 → 노보시비르 → 옴스크 → 튜멘 → 예카테린부르크 → 카잔 → 니즈니노보고로드 → 수즈달 → 모스크바 → 러시아 국경 → 라트비아(13,545㎞)

국가/도시(지역)	숙소명	주소
몽골 울란바트로	DAON HOUSE	WW9M+655, Ulaanbaatar, 몽골
러시아 울란우데	Khutorok Hotel	Ulitsa Naberezhnaya, 14, Ulan-Ude, Buryatia, 러시아 670000
이르쿠츠크	Taiga Hotel	Ulitsa Surikova, 4B, Irkutsk, Irkutsk Oblast, 러시아 664025
블라디보스토크	MEGA Hotel	Ulitsa Makovskogo, 11 a, Vladivostok, Primorsky Krai, 러시아 690041
우수리스크	우수리스크 호텔	Ulitsa Nekrasova, 64, Ussuriysk, Primorsky Krai, 러시아 692519
하바롭스크	Kakadu Hostel	Ulitsa Sheronova, 10, Khabarovsk, Khabarovsk Krai, 러시아 680030
스보보드니	스보보드니 호스텔	Shkol'naya Ulitsa, 57/1, Svobodny, Amur Oblast, 러시아 676450
치타	KAK DOMA 호스텔	Ulitsa Beketova, 34, Chita, Zabaykalsky Krai, 러시아 672020
울란우데	Khutorok Hotel	Ulitsa Naberezhnaya, 14, Ulan-Ude, Buryatia, 러시아 670000

국가/도시(지역)	숙소명	주소
이르쿠츠크	Viva Hostel	Ulitsa Sukhe-Batora, 8, Irkutsk, Irkutsk Oblast, 러시아 664011
니즈네우딘스크	Gostinitsa Magistral'	Krasnoarmeyskaya Ulitsa, 43, Nizhneud-insk, Irkutsk Oblast, 665102
아친스크	Gestinyy Dvorr Ip Fedotov	Krasnoyarskaya Ulitsa, 25, Achinsk, Kras-noyarskiy kray, 662150
옴스크	Hotel Lucky	Ulitsa Maslennikova, 175, Omsk, Omsk Oblast, 러시아 644009
튜멘	Vostok Hotel	Ulitsa Respubliki, 159, Tyumen, Tyumen Oblast, 러시아 625000
예가테린부르크	TENET HOTEL	Ulitsa Khokhryakova, 1a, Yekaterinburg, Sverdlovsk Oblast, 러시아 620014
카잔	O'tel Kazan M7	P242, Vysokaya Gora, Republic of Tatar-stan, 러시아 422772
니즈니노보고로드	Marins Park Hotel	Ulitsa Sovetskaya, 12, Nizhny Novgorod, Nizhny Novgorod Oblast, 러시아 603002

야, 블라디보스토크다!

출발 8일 차인 지금 우리는 전쟁 중인 러시아에 와 있다. 그러나 여기 블라디보스토크는 전쟁과는 거리가 먼 평화로운 일상의 모습이다. 시내 음식점에 갔더니 한국인 관광객이냐면서 무척 반가워한다. 비행기 뜨냐고 흥분해서 물어보길래 몽골로 우회해서 왔다고 하니 실망하는 얼굴이다. 러시아 국민들은 전쟁이 끝나고 하루빨리 일상으로 돌아가길 간절히 원하고 있었다. 대륙의 항구라는 공통점 때문일까. 블라디보스토크에서 부산이 느껴진다.

열차는 달리고 싶다

자신을 '도시를 이야기하는 이야기꾼'이라고 소개한 장원구 가이드가 우리를 안내했다.

"블라디보스토크 시베리아횡단 열차역 1층 매표소에 가시면 큰 지도가 붙어있어요. 노선도죠. 맨 오른쪽 끝에는 블라디보스토크역이 있고 그 밑에는 다음 목적지를 가리키는 행선지가 적혀 있는데 평양이라고 적혀 있어요. 괄호 열고 평양 적혀 있고 괄호가 닫혀 있지 않습니다. 평양만 괄호가 열려 있어요. 그 다음이 콤마 찍고 부산을 쓰고 괄호를 닫을 겁니다. 미래의 도시는 결국 부산이 될 거예요."

시베리아횡단 열차의 종착역이 왜 부산이어야 하는지를 분명하게 말해주었다. 외국에 나와 있으면 다 애국자가 된다고 하던데. 의식 있고 역사관이 분명한 청년의 한 마디 한 마디가 마치 독립운동가의 연설을 듣는 것처럼 감동이 되어 밀려왔다. 여운이 남아 돌아오는 여정에 다시 만날 것을 약속한다.

#블라디보스토크

블라디보스토크는 러시아 프리모리에 지방(연해주)의 행정중심지이자 러시아 극동 지방에서 하바롭스크에 이은 2번째로 큰 도시이며 한국에서 가장 가까운 러시아의 관광도시이다.

한반도와는 북한 라선시(140km)와 매우 가까우며 남한을 기준으로 해도 서울특별시까지 740km에 불과하다. 1992년에는 한국 부산광역시와 자매결연을 하였다. 한국인들도 블라디보스토크를 많이 찾지만, 블라디보스토크 주민들도 한국, 특히 부산을 많이 찾는다. 부

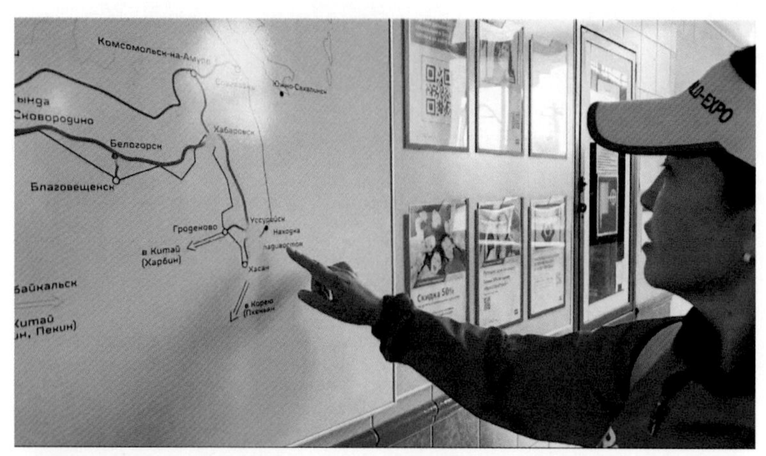

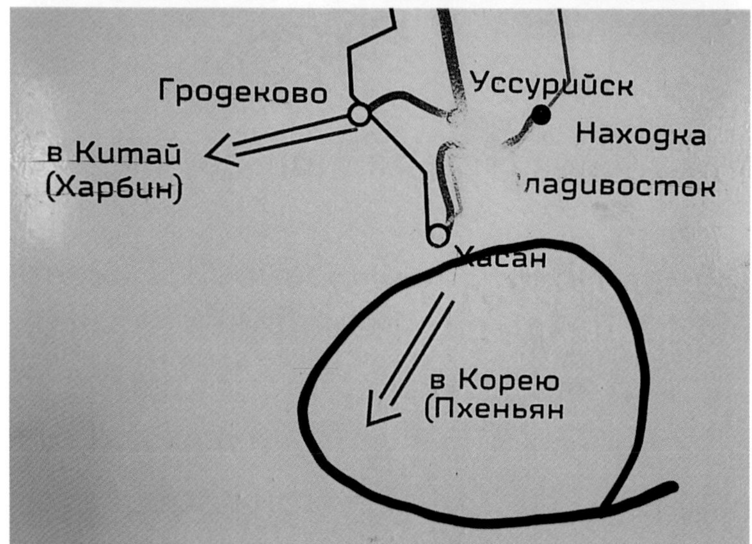

△ 블라디보스토크역사 내에 있는 종착역 표지판

산-블라디보스토크 노선 항공기는 러시아인이 더 많을 정도다.

해안 도시라는 특성이 비슷하여 블라디보스토크 사람들에게는 한국 도시 중에서는 부산이 적응하기 쉬운 친숙한 느낌이기도 하고, 특히 겨울철에는 블라디보스토크 부호들의 한파 피난처로 부산이 인기이다.

2015년부터 동방경제포럼이 매년 개최되고 있으며 2021년 동방경제포럼-2021에서 LH가 러시아 극동 지역의 경제협력을 위한 나데진스카야 선도개발구역의 건설 협정을 체결함으로써 극동 연방관구 최고 경제권 프로젝트의 시작점이 되었다.

연해주는 왜 독립운동의 거점이 되었을까

연해주와 만주 한반도는 심리적 거리감이 없는 곳이자 우리에게는 지정학적으로 매우 중요한 곳이다. 독립운동의 지도자인 최재형 선생을 비롯하여 이름 없이 사라져 간 수많은 독립운동가들의 흔적이 있었다. 사진 속 남루한 옷차림의 조선 청년들, 웃음기 없는 얼굴, 깡마른 몸. 독립군이라기보다는 패잔병에 더 가까운 느낌이었다.

연해주 고려인 회장에게서 고려인들의 과거와 현재 생활상에 대해 들었다. 그들은 아직도 힘들게 생활하고 있었다. 미안했다. 현재의 내가 누리는 것은 과거 누군가의 희생의 대가라는 것을 기억해야 함을 되새긴다.

△ 최재형 민족학교에 걸려 있는 독립운동가들의 사진

△ 고려 공산당 중앙총회에 가입한 깃발

△ 독립군 한창걸 부대, 안치해 마을 사진

외국에 나가면 다 애국자가 된다고 했던가. 특히 이곳 연해주에 오니 더 그렇다. 연해주에 있는 최재형 민족관에는 항일 영웅 59인의 사진이 걸려 있었다. 고려 공산당 중앙총재에게 일제의 잔인함에 대항하고 단합하라는 내용의 가죽 서신. 아마도 가죽 서신 위에 쓰여진 글씨는 피로 쓰여진 것이리라. 그곳을 찾는 이들에게 59인의 영웅들이 얼마나 조국을 사랑하고 목숨을 바쳐 지키려고 했는지 전해진다. 전달하는 민족관 안내원의 모습에서조차 비장함이 느껴진다. 미안했다.

연해주 토비지아

동해에서 선적한 차량 인도 신청을 했다. 엄격하게 조사하고 있어서 시간이 걸릴 거라고 했다. 우리네 일 처리 속도라면 금방 될 것 같은데 이곳은 참 하염없다. 지금 같은 시국에 혹시라도 잘못될까 봐 기다리는 수밖에 방법이 없다.

러시아의 최남단인 토비지아 루스키섬. 트래킹하기에 너무 좋은 루스키섬은 왕복 3시간 정도 걸린다. 단 섬까지 들어가는 버스가 없어서 택시를 타야 하고, 화장실이 섬 입구에만 있어서 미리 대비하는 게 필요하다. 연해주 한인회장이 친절하게 안내를 도맡아 해주었다. 오랜 기간 러시아에 살면서 겪은 일 등 여러 이야기를 해주었는데 흥미로운 내용들이 많았다.

러시아 마피아는 전 세계적으로도 유명하지만 마약 사범도 전체 범죄자의 40%에 달할 만큼 많다고 한다. 또한 총기 소지는 허용하는데 실제 총기 사고는 거의 일어나지 않는 것이 아이러니하기도 하단다. 한 가지 더 놀라운 것은 감옥 수감자들에게 정기적으로 3박 4일간의 휴가를 주는데 이는 인간의 본능을 해결하라는 의미란다. 인간의 인내 임계치를 낮추기 때문에 오히려 사고율이 낮은 게 아닐까 싶은 생각이 들었다. 우리는 상상도 할 수 없는 인간의 본능을 인정하는 게 참 아이러니하다.

트래킹하기에 더없이 좋은 섬이다. 블라디보스토크에 간다면 반드시 시간 내서 가 보길 권한다.

18시간 만에 러시아 국경을 넘다

16시간째 버스로 이동 중이다. 새벽 5시부터 저녁 9시까지 이동하는 동안 몽골에서 러시아로 국경을 넘었고, 시야는 몽골의 넓은 초원에서 러시아의 회색 건물들로 바뀌었다.

러시아 국경이 가까워지면서 다들 긴장하고 경직되어 있는 모습이 역력했다. 전쟁 중이라서 혹시라도 어찌 되는 건 아닌가 싶어 다들 숨소리조차 내지 못했다. 여권 영문 이름 한 글자라도 틀리면 입국 거부당한다고 했다. 러시아 마피아는 수틀리면 권총 몇 발이 아니라 미사일을 쏜다고도 했다. 로컬 가이드 말이 사실인지 뻥인지 다들 어찌나 말을 잘 듣던지. 다들 잔뜩 긴장해 있었다. 앞으로 만나는 러시아인들이 얼마나 순박하고 친절한지 알기 전까지는 말이다. 아무튼 무사히 이르쿠츠크에 들어왔다.

북조선 평양냉면

코로나 시국에 살아남은 유일한 북조선 식당 '평양관' 냉면집. 북조선이라는 단어가 우리에게 주는 긴장감이 있다. 주의사항부터 알려준다. 행여 문제라도 될까 싶어 시키는 대로 꼼짝하지 않고 앉아 있었다.

곧이어 나타난 여종업원은 우리가 북한 방송에서 들었던 꾀꼬리 같은 목소리로 "뭘 드시갔습네까?" 하고 물었다. 다들 우물쭈물 대답도 못 하고 그 여종업원 얼굴만 쳐다보았다. 순간, 참 곱다. 이쁘다기보다는 자연미가 느껴지는 아름다움이었다. 남남북녀라더니 '맞구나' 싶었다.

냉면 한 그릇 가격이 상상을 초월했다. 진한 동포애로 먹어 주었다. 사진 촬영이 안 된다고 해서 기억에만 저장했다.

통관이 하루 더 연장되었다

이왕 이리된 거 맘 편히 하루를 쉬면서 산책도 하고 근처 마트도 다녀왔다. 영어라곤 찾아볼 수 없는 온통 러시아어로만 적혀 있는데도 용케 필요한 건 산다.

심지어 우리말과 바디랭귀지로도 대충은 전달되는 것 같다. 음식도 주문하고 필요한 물건도 사는 데 불편함이 없으니 참 신기한 일이다.

아침에 동네 산책을 했다. 공기가 찹찹하니 걷기에 좋았다. 두리번두리번 둘러보면서 걷고 있었는데 이런 우리가 이상했던지 큰 개 한 마리가 우리 근처로 왔다. 마치 늑대를 보는 것 같았다. 숨소리도 못 내고 조용히 지나가기만을 기다렸다. 갔나 싶었더니 이번에는 다른 개가 또 나타난다. 여기저기서. 그날 이후로 러시아에서 아침 산책은 없었다.

드디어 우수리스크로 출발

드디어 통관이 완료됐다. 블라디보스토크에 도착한 지 5일 만이다. 오래 걸렸다고 생각했는데 이 정도면 아주 준수한 거라고 했다. 세관에 가서 차를 인수하고 블라디보스토크 시내를 지나 대원들이 기다리는 숙소로 향했다. 입구에서부터 박수 치고 사진 찍고 마치 무슨 개선장군이 된 느낌이다.

오래 기다렸던 터라 차량 인도받자마자 바로 다음 코스인 우스리스크로 향했다.

러시아 길도 모르고 러시아어도 모르는데 러시아에서 내가 운전을 하다니 정말 신기한 일이다. 혼자서 신나 하다가 GPS가 끊긴 지역에서 앞차를 놓쳤다. 내비게이션도 안되고 무전기도 안되고, 갑자기 겁이 덜컥 났다. 한참을 지나서 앞차들이 기다려 주어서 합류할 수 있었다. 내일부터는 정신 바짝 차려야 된다. 국제 미아 되지 않으려면.

△ 러시아 입국 국경

자작나무, 자작나무 또 자작나무

우스리스크에서 약 780km 10시간을 달려 하바롭스크에 도착했다. 부산 서울을 하루에 왕복하고도 남는 거리다. 지체된 통관 일수만큼 앞으로 5일 정도는 오늘처럼 달려야 된다. 넓은 들판에 끝없이 펼쳐진 자작나무 숲. 대자연의 힘에 입이 다물어지지

않는다. 출발할 때 만해도 스카이 블루였던 하늘이 점심때가 되자 금방 굵은 빗방울이 쏟아지는 짙은 그레이색으로 변하고 있었다.

문득 드는 생각이 원정대 기획 초기만 해도 중간 기착 도시에 잠깐 날아갈 생각이었다가, 좀 지나고 나선 60일간 포르투갈까지만 참여할 생각이었다. 마지막에는 왕복 전 구간에 참여하는 것도 모자라, 오늘 러시아에서 핸들 잡고 대열 맞춰 운전하는 내 모습을 보니 인생 참 모를 일이라는 생각이 든다.

9대 차량 운전자 중 유일하게 여성이라며 너무 멋있다고 칭찬하는 바람에 갑자기 으쓱해진다.

바이칼 호수에 발을 담그다

어제 내린 비 때문인지 울창한 삼림이 더 싱그럽게 느껴진다. 러시아는 자작나무의 나라이다. 어딜 가나 어느 계절에나 끝없이 펼쳐진 자작나무 숲을 볼 수 있다. 바이칼 호수로 넘어가는 길은 울창한 자작나무 숲길이다. 굽이굽이 넘어가는 숲길에서 허순애 님이 오카리나 연주를 들려줬다. 자작나무 사이 사이로 보이는 바이칼 호수와 청아한 오카리나 연주의 조합이 혼을 빼놓았다.

바이칼 호수는 푸틴이 가장 좋아하는 곳으로 한 번씩 웃통을 벗고 수영하는 모습을 보이며 건재함을 자랑하는 곳으로 알려져 있다. 춘원 이광수의 『유정』 테마가 만들어진 이곳은 영적 에너지가 많아서 예술가들이 영감을 받으려고 오는 곳이기도 하다.

> *"나는 바이칼호의 가을 물결을 바라보면서 이 글을 쓰오. (중략) 달빛을 실은 바이칼의 물결이 바로 이 어촌 앞의 바위를 때리고 있소."*
>
> *- 춘원 이광수의 『유정』 中*

춘원 이광수 『유정』의 글에서 보면 플라토닉 사랑으로 괴로워하던 주인공이 바이칼 호수에서 친구에게 쓴 편지가 나온다. 시대와 나라를 초월하여 작가들의 영적인 관심을 받았던 바이칼 호수에 새삼 놀

태그 추가
2022년 6월 13일 오후 3:06
편집
BandPhoto_2022_06_14_06_53_30.jpg
/내장 저장공간/Pictures/band
Samsung SM-S901N
292.73KB 1280x721 1MP
ISO 20 23mm 0.0ev F1.8 1/726 s
Google
Русский исторический
парк семейного и...
Heizvestnaya doroga, Primorskiy kray, 러시아
692511

라지 않을 수가 없다.

나도 이곳 바이칼 호수에서 잠시 명상에 잠겨 본다. 에너지가 내 몸에 들어오기를 바라면서.

#바이칼 호수

바이칼 호수는 러시아의 시베리아 남쪽에 있는 호수로 북서쪽의 이르쿠츠크와 남동쪽의 부리야트 공화국 사이에 자리 잡고 있다. 유네스코 세계문화유산으로 등재되어 있으며 바이칼이란 이름은 타타르어로 '풍요로운 호수'라는 뜻의 바이쿨에서 왔다.

바이칼 호수는 약 2천5백만~3천만 년 전에 형성된 지구에서 가장 오래되고 가장 큰 담수호이며 아시아에서 가장 넓은 민물호수이자 세계에서 가장 깊은 호수다. 또한 흐르지 않는 호수임에도 청정도와 투명도가 세계 제일이며 부피는 23,000㎦로 북아메리카의 5대 호수를 모두 합한 크기이다.

#한 민족의 시원 바이칼 호수

한민족의 시원으로 거론되는 바이칼 호수 북쪽 '알혼섬'은 이르쿠츠크 주가 관리하고 있는데 특이한 점은 이 지역에서 우리나라의 서낭당이나 솟대 장승들이 눈에 띄고 부리야트 사람들의 엉덩이에도 몽고반점이 있으며, 부리야트 언어는 우리말과 같은 알타이어계로 분류된다고 한다. 부리야트 공화국 국립극장에서 공연하고 있는 '선조의 영'이란 연극을 보면 우리나라 '선녀와 나무꾼'과 기본 스토리가 같아서 우리 민족의 기원이 이 지역일 것이라는 추측을 하기도 한다.

특히 칭기즈칸은 1,167년 바이칼호 서부 해안 근처에서 태어났는데 그의 어머니가 동바이칼 바르구진의 토착 몽골족이었다고 한다. 칭기즈칸도 몽골제국을 건설하고 많은 전쟁을 치르면서 틈틈이 자신의 고향인 바이칼에 들러 기도와 명상을 취할 정도로 이곳을 사랑했다고 한다.

잠들지 않는 밤, 이르쿠츠크

백야의 도시에 왔다. 하늘색이 참 오묘하다. 키예프광장 공원의 사자상과 깃발이 이색적인 느낌을 준다. 앙가라강을 건너 키예프광장 공원을 거닐었다. 젊은이들로 넘쳐났다. 젊다는 건 에너지가 넘친다는 것. 도시가 살아 있음을 느낀다.

영화 '백야'가 떠올랐다. 소련에서 미국으로 망명한 세계적 발레리노 니콜라이의 일명 '의자춤'으로 유명한 그 장면이 생각났다. 발레리노의 선과 극적 드라마가 매우 인상 깊었던 영화의 배경인 이곳. 용케 백야가 시작되는 시기에 맞춰 왔다. 밤 11시가 노을이 지기 전 늦은 오후 같다.

▽ 이르쿠츠크 현지 시간 밤 12시에 시내 중심가에서

#이르쿠츠크

이르쿠츠크는 이르쿠트강과 합류하는 앙가라강 연안을 따라 도시가 형성됐고, 데카브리스트난에 가담했던 청년 장교, 예술가, 귀족 등이 이르쿠츠크로 유배된 이래 이곳은 오랫동안 유배지 중의 하나였다. 이들 유배자들이 물려준 문화유산 덕분에 '시베리아의 파리'로 불렸다.

시내에 있는 고딕 양식의 교회는 유형된 폴란드인이 지은 가톨릭교회로 알려져 있고 시베리아 지역으로의 기독교 선교의 거점이 되기도 했다. 인근 도시들과 합병해 인구 100만 명이 넘는 대도시로 성장하고 있다.

역사적으로 중요한 사건은 10월 혁명 운동 이후 발생한 러시아 내전으로 볼셰비키 혁명군과 정부군의 격전이 벌어진 곳이 이르쿠츠크이다.

오늘 점심은 800km 가서 먹을게요

신호 한번 안 받고 400km 도로를 달려 본 적이 있는가. 상상도 못 할 일이다. 그런데 몽골과 러시아에서는 가능한 일이다. 2시간에 한 번 정도는 휴게소에 들어갔다. 우리나라 휴게소와 마찬가지로 주유도 하고, 식사도 하고, 차도 마시고, 벤치에 앉아 쉴 수도 있다.

화장실은 유료이다. 일 인당 화장실 사용료는 보통 10루블 정도로 항상 코인을 미리 준비하는 게 좋다. 또한 갓 구운 맛있는 빵과 커피, 러시아식 뷔페 음식 등 1인당 200루블, 우리 돈으로 3천 원 정도면 훌륭한 점심 한 끼를 해결할 수 있다.

1인용 플라스틱 도시락통을 준비해서 먹다 남은 빵과 과일 등을 담아와서 이동하면서 출출할 때 나눠 먹으면 좋다. 플라스틱 도시락통과 작은 등산용 칼이 있으면 유용하다. 나는 빨간색 스위스 밀리터리 작은 과도를 크로스백에 항상 소지하고 다녔다. 매우 유용하게 쓰였다.

다음 우회전은 230km 앞입니다

오늘은 하바롭스키에서 스보보드니까지 약 900km 10시간을 달렸다. 드넓은 초원도 나타났고 울창한 자작나무 숲도 나타났고 시베리아횡단 열차와도 같이 달렸다. 열차는 철로를 우리는 도로를 나란히 달리다가 각자 노선으로 갈라졌다. 드넓은 평야에서의 이 멋진 광경을 영상에 담아낸다면 최고의 영상이 되지 않았을까 싶다. 달리다 보면 또 만나겠지.

시베리아 벌판을 본 자와 보지 못한 자의 꿈의 크기는 다를 것이다. 그야말로 '광야'다.

러시아 인플루언서와 만나다

아침 일찍 출발하려는데 러시아인이 다가오더니 무슨 말인가를 한다. 차 빼라는 줄 알고 금방 나간다고 손짓발짓하고 있는데 갑자기 자신의 블로그를 보여준다. 팔로워가 장난 아니다. 러시아 인플루언서였다. 제대로 번역기를 꺼내 들고 우리말과 러시아말을 주고받았다. 알고 보니 부산월드엑스포를 홍보해 주겠다는 거였다.

이 시국에 러시아인이 그것도 러시아에서 말이다. 같이 부산월드엑스포 화이팅을 외치면서 드는 생각이 '진짜 신기한 일이네.'

아마자르

오늘은 스보보드니에서 아마자르까지 840km.

아침 8시 반에 출발해서 저녁 8시에 도착했으니 꼬박 12시간을 달린 셈이다.

맑은 하늘이 먹구름을 몰고 오더니 금방 빗방울이 세차게 내린다.

시베리아 횡단도로에서의 빗속 운전은 그야말로 온 심장을 졸이게 한다. 누구도 운전자의 심기를 건드리면 안 된다. 서로 각자가 심정 거슬리는 행동이나 말도 절대 하면 안 된다. 오늘은 경치 살필 틈도 없이 그냥 앞만 보고 달린 날이다.

일주일만에 한국으로 돌아가야 하나?

원정대 차량 중 한 대가 길 위에서 퍼졌다. 출발 전에 정비가 제대로 안 됐던 모양이다. 말도 안 통하고 어디에 연락해야 할지도 모르는 막막한 상황에서 그것도 도로 위에서 퍼졌으니 얼마나 당황했을지 말해 무엇하랴.

수소문해서 알아본 결과 하바롭스키에서 수리를 할 수 있다고 연락이 왔다. 왔던 길을 거슬러 가야 하는 상황이 되었다. 다른 방법이 없었다. 수리되는 대로 다음 정착 도시에서 만나기로 하고 나머지 차량들은 먼저 출발했다. 이동하면서 진행 상황을 소통하였다. 다행히 예상보다 빨리 차량 수리가 마무리되어 곧 합류하겠다는 연락이 왔다. 우리는 치타에 도착했고 수리 차량이 도착하기만을 기다리고 있었다.

새벽녘이었다. 러시아의 새벽공기는 찹찹했고 머물고 있던 숙소도 어두침침했다. 밖에서 원정 대장의 조용하지만 다급한 목소리가 들려왔다. 뭔가 직감이 좋지 않았다. 자다 말고 다 같이 한 방에 모였다.

침울한 분위기였고 안 좋은 일이 생겼다는 걸 직감적으로 느낄 수 있었다. 수리를 마치고 뒤따라오던 차량이 전복했다는 소식이었다. 먼저 운전자 안전부터 확인했다. 운전자와 탑승자 둘 다 크게 다치지는 않았다고 했다. 대략의 위치만 파악하고 원정대장과 번갈아 운전해 줄 대원이 탄 차량이 그곳으로 출발했다.

출발하자마자 이런 일이 생기다니. '이제 이 프로젝트는 끝이구나' 라는 생각부터 '이대로 돌아가야 되나. 가서 뭐라고 하지.' 온갖 생각들이 머리에 떠올랐다.

꼬박 이틀이 지나고 떠났던 차가 도착했다. 수리 차량에 타고 있던 대원들까지 모두 4명이 안전하게 돌아왔다. 이틀 새 얼마나 정신이 없었던지 몰골들이 말이 아니다.

다행히 차는 폐차 처리 지경까지 되었는데 인명피해는 없었다.

하늘이 도와주셨다면서 다 같이 끌어안고 눈물을 흘렸다. 깊은 전우애를 느꼈다. 이때까지만 해도 우리의 연대는 깨지지 않을 것 같았다.

예방주사 2대 맞은 날

러시아는 땅덩어리가 워낙 넓다 보니 외진 지역은 GPS가 안 잡히는 곳이 더러 있다. 그러다 보니 네비도 안 잡히고 러시아어도 안 되는 상황 속에서 앞 차만 보면서 달릴 수밖에 없었다. 그런데 믿고 따라갔던 맨 앞에서 달리던 차량 내비게이션이 먹통이 되었다. 먹통이 된 줄도 모르고 엉뚱한 길로 계속 달리고 있었던 것이다.

시베리아 벌판에서 길을 잃었다. 그야말로 아무것도 없는 허허벌판이다. 날은 어두워지고 있었다. 다들 말은 안 했지만 걱정이 가득한 얼굴들이다. 이러다 감정 조절 안 되는 사람 순으로 폭발할 것 같았다. 왜 미리 준비하지 않았냐고 구시렁거리는 소리가 들렸다. 이럴 때일수록 싸우면 안 되는데 불안했다.

이때였다. 노련한 경험은 어떤 학습적 지식보다도 뛰어났다. 자동차 여행경험이 많은 대장이 동물적 감각으로 방향을 잡았다. 비록 2시간 정도를 돌아서 갔지만 목적지에 안전하게 도착할 수 있었다.

러시아에서 내비게이션이 안 되면 이런 일이 생긴다는 걸 직접 확인한 날이었다. 러시아에서는 구글이 안 먹히니 러시아 내비게이션 앱을 추가로 설치했다. 이제 내 폰에는 총 3개의 내비게이션이 깔려 있다. 난 이제 어디에서도 길을 찾아갈 수 있는 천하무적이 되었다.

그날 유난히 시베리아 석양은 파스텔을 칠한 것 같이 깨끗하고 아름다웠다.

전쟁의 흔적, 치타

아마자르에서 치타로 680km 7시간 이동했다. 서울-부산 왕복 거리다.

치타 가는 길. 지평선과 수평선의 경계가 뚜렷하다. 울란우데와 근접한 지역이라 그런지 광활한 초원과 자작나무가 함께 어우러져 있는 풍경이 그저 경이로울 뿐이다.

문득 사방을 둘러봐도 끝이 안 보이는 이 넓은 땅을 왜 그대로 두고 있는지 궁금해졌다. 있는 자의 여유다. 한 평의 땅이라도 최대한 활용하는 우리 눈에는 땅만 보이니 없는 자의 부러움이다.

그나저나 어제 그제 머물렀던 게스트 하우스가 얼마나 형편없었던지 지난 몽골에서의 환대가 아득히 먼 옛날처럼 느껴진다. 이제 시작인가. 설마 앞으로 이보다 더하진 않을 거라 위안 삼아본다.

눈 앞에 펼쳐진 풍경이 윈도우 바탕화면을 보는 것 같다. 대자연의 품속이란 이런 느낌을 말하는 것이고, 마음 넉넉함이란 이런 환경에서 나오는 게 아닌가 싶다. 카메라 기술력이 좋아도 렌즈에 담기에는 한계가 있는 것 같다. 눈으로 보고 마음에 담을 수밖에. 그러니 찬찬히 제대로 잘 보아야 한다. 그래야 마음에도 제대로 담을 수 있으니.

문득 드는 생각이 당시에는 최악이었지만 시간이 지나고 보니 그리나쁘지만도 않은 듯하다. 눈으로 보고 오감으로 느껴지는 감각은 당시 상황에 따라 굴절이 될 수도 있겠다는 생각이 시간이 지나니 든다.

러시아에서의 숙소는 거쳐 가는 도시에 단체 숙박이 가능한지로 결정된 것 같다. 평생 이런 숙소에서는 묵어보지 않은 사람들이었으니 불편함은 이루 말할 수 없었을 것이다. 그러나 불편함에도 서서히 적응되고 있었다.

러시아에서 내비게이션을 작동하면 한반도가 조선민주주의 인민공화국이라고 뜬다. 이 단어가 뜨면 보면 안 될 거 본 사람처럼 움찔 놀란다. 러시아에서는 구글이 안 되니 '맵스미'라는 또 다른 내비를 작동해서 이동했다. 블라디보스토크에서부터 이동 경로를 친절히 보여준다.

#치타

치타는 광산 도시로 처음 개발되었고 한때 데카브리스트의 난을 주도한 장교들이 유배되기도 했다. 지금도 관광과는 거리가 먼 도시지만 그나마 관광지라고 하면 데카브리스트 박물관을 찾는 사람이 좀 있다고 한다.

철도가 깔리면서 시베리아횡단철도 본선과, 하얼빈으로 이어지는 만주 횡단철도가 만나는 교통의 요충지가 되어 주요 도시로 현대까지 남았다. 적백내전 때는 일본의 시베리아 개입으로 파견된 일본군

▷ 아마자르에서 치타 넘어가는 길

이 잠시 점령하기도 했으며 극동 공화국의 수도였다.

2021년 1월 8일 기준으로 이곳에는 맥도날드, KFC, 버거킹이 없다. 대신 이곳만의 햄버거 체인이 있어서 간단한 식사는 가능하다.

집 떠나면 고생

집 떠나면 화장실 볼 일이 제일 걱정이다. 특히 여성들은 더 그렇다. 나도 병원에서 2개월 치 소화제와 장 활성제를 처방받아 준비해 갔다. 그런데 함께 가신 김영숙 대표님의 SY1000 물 덕분에 준비해 간 약을 먹지 않고도 아침을 가뿐하게 시작할 수 있었다.

물을 작은 활성 기구에 통과만 시키면 이온화가 되어서 내 몸에서 살아 숨 쉬는 물이 된다는 논리이다. 이 논리가 과학적으로 입증되었든 안 되었든 룸메이트인 내가 효과를 봤다면 좋은 게 아닌가. 그래서 변비로 며칠째 고생하고 있는 다른 여성 참가자들에게 권했다. 이 물을 많이 마셔라. 아침이 가볍다.

그런데 안 먹는 게 아닌가. 얼굴이 누렇게 떴는데도.

'믿는 자여 그대에게 복이 있을지니.' 제 발로 찾아올 때까지 기다려보리라.

꽃 따러 가자

코스 변경으로 다시 가는 울란우데. 610km 약 12시간 동안 끝없이 펼쳐진 초원과 초원 사이를 달렸다. 200km 내에 신호등도 없고 오로지 직진인 도로를 달려 본 적이 있는가?

끝이 안 보이는 대평야를 보며 이 탐나는 영토를 차지하기 위해 세계열강들이 얼마나 침을 흘렸을지 상상이 가고도 남는다. 그러니 유라시아는 전쟁의 역사이고 침략과 약탈의 역사인 것이다.

나무 원목을 가득 싣고 운행 중인 시베리아 열차와 차도를 유유히 건너는 소 떼들. 모든 게 평온해 보인다. 초원의 영험한 기운이 모여있는 셀렌가 강가의 오물보브카 언덕에 올라가 자연의 정기를 받는다.

피곤이 누적되었는지 오늘은 잠이 쏟아진다. 짐을 풀 여유도 없이 계속 이동하는 게 쉬운 일이 아니다. 과거 유목민의 삶이 이랬을까? 아시안하이웨이 6번 도로의 팻말이 반갑다. 부산에서 시작된 도로가 여기까지 와 있구나.

러시아 횡단하면서 제일 불편한 게 뭐냐고 물어본다면, 단연코 화장실이 1위, 인터넷 환경이 2위이다. 화장실이 열악하다 보니 도심 한복판을 제외하고는 노상 방뇨하는 게 너무 자연스럽다. 특히 남자들은 '말 타러 간다' 여자들은 '꽃 따러 간다'라고 하면 볼일 보러 간다는 의미이다. 처음에는 너무 어색해서 참기도 했지만 도저히 안 되겠어서 바로 현지화되었다. 상황에 맞게 적응해 가는 데는 시간이 그리 걸리지 않았다. 그래서 여행은 사람의 사고를 유연하게 하나 보다.

여자는 일명 월남치마라고 불리는 넓은 치마가 있으면 편하겠다. 휴지는 항상 지참할 것을 권한다. 아침마다 다 같이 모여 아침 체조를 한 후 출발. 장시간 차량 운전을 하거나 앉아 있어야 하기 때문에 아침 체조는 필수다.

바이칼 호수 자갈돌 조심하세요

울란우데 숙소가 좀 낯익다 했더니 전에 묵었던 곳이란다. 그런데 왜 이리 까마득하게 멀게 느껴지는지 모르겠다. 아침 일찍 울란우데 숙소 주위를 산책하고 이르쿠츠크로 향했다.

480km 약 6시간 주행. 자연 생물의 보고 바이칼 호수에 도착했다.

바이칼 호수의 자갈돌이 너무나 아름답다. 얼마나 반질반질한지 자갈돌끼리 부딪히는 소리가 사그락거렸다. 그런데 경사진 곳에서 그만 미끄러져 넘어졌다.

엉치뼈가 끊어질 것처럼 아팠다. 말도 못 하고 '제발 한국에 도착할 때까지만 아무 일 없게 해 달라'고 혼자서 끙끙댔다. 엉덩이를 뒤로 쑥 빼고 엉거주춤하게 잘 움직이지도 못하는 모습이 정말 우스꽝스

럽기 짝이 없다. 그 와중에 시베리아횡단 열차가 지나간다는 신호음이 들리니 아픈 것도 잊어버리고 폰에 담는다고 정신없는 걸 보면 내가 나를 봐도 정상은 아닌 것 같다.

내일은 아침 일찍 러시아에서 우리를 에스코트해 줄 박정곤 교수 배웅하러 공항에 간다. 러시아어 소통 자체가 안 됐었는데 일단 그 문제는 해결될 것 같다. 내일은 이르쿠츠크에서 니즈네우딘스크로 이동.

#시베리아횡단철도

총길이 9,288㎞, 87개 도시를 통과하는 세계 최장 거리 철도인 시베리아횡단철도. 1888년 10월 크림반도에서 휴가를 끝내고 상트페테르부르크로 돌아가던 러시아 황제 알렉산드르 3세와 그 일가를 태운 기차가 탈선하면서. 이 사고로 현장에서 20명이 사망하고 어린 공주는 이때 부상으로 평생 꼽추로 살게 된다.

휴가 떠나기 전인 9월 어느 날 황제 앞에서 기차를 출발시키면 안 된다고 대들었던 철도 관리자를 떠올린 황제는 그를 교통부 장관으로 전격 발탁하는데 그가 세계 경제사에서 자주 거론되는 시베리아횡단철도 건설의 주역 세르게이 비테이다.

당시 러시아 황제에게는 세 가지 주요 과제가 있었는데, 하나는 쇠망하는 중국이라는 거대한 파이를 둘러싼 열강들과의 경쟁에서 유리한 입지를 차지하는 것이고, 둘째는 낙후한 극동 시베리아를 개발하는 것, 셋째는 러시아를 농업국가에서 산업국가로 발돋움시키는 것이었다. 세르게이가 제안한 시베리아횡단철도는 이 세 가지를 한 번에 해결할 수 있는 기막힌 아이디어였다. 각료들의 반대에도 불구하고 외자 유치를 성공시키면서 공사를 밀어붙여 공사 시작 12년 만인 1903년 7월에 개통한다. 여기서 놀라운 건 모든 작업이 수작업으로 진행되었다는 거다.

동원된 사람들은 시베리아에 유형 온 죄수들과 이주민으로 구성된 노동자들로 그들이 사용한 도구는 망치, 괭이, 도끼 손수레가 다였다고 한다.

영하 40도의 혹한에서 하루 16시간 동안 빙판에 무릎을 꿇은 채 얼어붙은 땅을 깨면서 매일 2㎞씩 해 나갔다고 하니 영화 '설국열차'에 버금가는 환경이었겠다는 생각이 든다.

#마지막 장애물 바이칼 호수

평균 공사비의 20배, 무려 6년이 걸린 약 260㎞ 길이의 바이칼 연안 구간은 세계 철도 건설 역사상 가장 힘든 공사 지역으로 남아 있다. 만약 바이칼 철교 공사가 조금만 빨리 끝났더라도 러일전쟁에서 러시아가 패배하는 일은 없었을 거라고 한다.

우여곡절 끝에 완성된 시베리아횡단철도는 내전으로 흑룡강 철교가 폭파되는 등 그 후에도 많은 어려움을 이겨내면서, 현재 연간 1억

5천만 명의 승객과 연간 1억 톤의 화물을 실어 나르며 유럽과 아시아의 젖줄 역할을 하고 있다.

여행은 기다림의 연속

여행은 느긋한 기다림의 연속이다. 좀 일찍 목적지에 도착해서 좀 쉬나 싶으면 다른 이유로 결국은 다른 때랑 같아지곤 한다.

모기에 물린 건지, 벌레에 물린 건지, 음식을 잘못 먹은 건지, 물갈이를 하는 건지 온몸의 두드러기가 더 심해지고 있다. 이런 와중에 숙소까지 불편하니 피로감이 몰려온다.

많은 인원이 한 숙소에서 묵을 수가 없어서 남. 여로 나눠 다른 숙소에서 묵었다.

제정 러시아 시대의 건축디자인과 색상이 아직까지 대부분 남아있었다. 일반 가정집 대문 앞에 놓여있는 우편함이 세월의 흔적을 보여준다. 대부분의 집들이 목조주택이었다. 지은 지 오래되다 보니 밑동이 썩거나 색이 바래서 전체적으로 칙칙해 보였다. 그래서 러시아는 회색이고 칙칙한 느낌이다.

한 가지 신기한 것은 우리가 묵고 있는 숙소 데스크에 푸틴 초상화가 걸려 있었다. 그런데 이 숙소뿐 아니라 일반 가정집에도 많이 걸려 있다고 한다. 전쟁의 장본인인데 정말 놀라운 일이다.

△ 매일 출발하기 전 아침 미팅 시간

△ 매일 아침 짐 정리를 하고

#러시아 국민 작가 푸시킨

한국인들이 러시아 문학 하면 제일 먼저 떠올리는 작가는 톨스토이나 도스토옙스키일 것이다. 그러나 러시아 사람들에게 러시아 최고의 작가는 논란의 여지 없이 바로 푸시킨이라고 한다.

'삶이 그대를 속일지라도 결코 슬퍼하거나 노여워하지 말라'로 잘 알려진 푸시킨이지만 우리나라를 포함한 동양인들에게 덜 알려진 이유가 유감스럽게도 번역의 어려움 때문이라고 하는데 그의 문장이 복잡하거나 어려워서가 아니라 너무나 러시아적이어서.

#최고의 교육 천재 푸시킨

나폴레옹 전쟁에 참여한 러시아 황제와 귀족들에 의해 설립된 러시아 최초의 황실 기숙학교인 '리체이'에서 6년 동안 푸시킨은 최고의 교육을 받았다. 리체이를 졸업하고 푸시킨은 파격적인 서사시와 전근대적인 러시아 전제군주제를 비판하는 혁명적인 시들을 발표했는데 19살에 쓴 '자유'라는 시는 출판되기도 전에 러시아 청년이라면 누구나 암송할 정도였다고 한다.

이런 푸시킨이 황실에 눈엣가시였던 것은 당연한 일. 한 번은 메뚜기 박멸 업무로 배치받고 공식 보고서에 푸시킨은 이렇게 썼다고 한다.

"메뚜기가 날아왔네. 앉았다네. 다 먹어 치웠다네. 그리고 날아갔다네."

그 당시 데카브리트 반란으로 많은 엘리트들이 교수형에 처해지거나 시베리아 유형 길에 올랐음에도 불구하고 황제 니콜라이 1세는 푸시킨의 천재성을 인정하고 그의 창작활동을 독려했다. 19세기 러시아에서 진보냐 보수냐를 따지기 전에 국가의 가장 소중한 자산에 대한 순수한 애정의 발로였다고나 할까.

그러나 푸시킨은 불행히도 39살의 아까운 나이로 세상을 떠나게 되는데 그 이유는 바로 사랑 때문이었다.

#최고 시인과 최고 미인의 결합

키가 165㎝도 되지 않았던 푸시킨의 구애를 받은 여인은 175㎝의 늘씬한 몸매에 순백색 피부를 지닌 아름다운 여인이었다. 황제의 보증서까지 받아 32살의 나이에 18살의 아리따운 아내를 맞이한 후 3명의 자녀를 낳으며 자기 삶에서 가장 행복한 시기를 보냈지만 행복은 어이없게 프랑스에서 온 단테스라는 장교에 의해 깨진다.

#프랑스 장교와의 구설수에 휘말린 푸시킨의 아내

동성애자였던 이 장교는 본인이 동성애자가 아님을 입증하기 위해 러시아 사교계에 귀부인과의 염문설을 냈는데 그 대상이 바로 푸시킨의 아내 나탈리아였던 것이다. 바람난 아내를 뒀다고 놀림을 받은 푸시킨은 단테스에게 결투를 청하였고 단테스는 겁이 나서 시작도 하기 전에 먼저 총을 쏜다.

푸시킨의 죽음이 러시아 전역에 알려지면서 황제의 음모설이 파다해지자 대규모 시위를 우려하여 조촐하게 장례식을 치렀다고 한다.

26살 젊은 나이에 과부가 된 그의 부인은 7년 뒤 러시아의 한 장군과 재혼하여 51세까지 살았다고 한다.

한 편의 대하소설과도 같은 푸시킨의 삶. 러시아에는 그의 삶에 대한 모든 스토리가 200년이 지난 지금도 실물로 간직되어 있다. 최고의 문화적 자산 가치를 경제적 자산으로 승화시키는 러시아의 저력을 다시금 생각해 보게 한다.

달리고 또 달리고

오늘 울란우데로 출발할 예정이었으나 잠시 숨 돌리고 가기로 하고 오늘 하루 더 치타에 머문다. 러시아 도시마다 중심부에는 어김없이 레닌 동상이 있다. 거리 이름도 레닌그라드이고 도시 이름도 레닌그라드이다. 러시아는 레닌인 것 같다.

치타 시내 한복판에 위치한 시청을 마주하고 전쟁기념관과 전승기념비가 있다. 그동안 얼마나 많은 전쟁과 희생이 있었을지를 짐작하게 한다. 육중한 탱크를 타고 노는 아이들과 한쪽 편에 세워져 있는 코카콜라 배너의 조화가 참으로 아이러니하다.

앞으로 갈 길이 멀어 차량 핸드폰 거치대 사러 가게에 들어갔다. 맞이하는 친절하고 미소 고운 청년이 치타시의 첫인상을 대변한다. 그 도시의 느낌은 멋진 건물이나 화려한 랜드마크보다도 그 도시에 사는 사람들의 미소와 일상임을 느끼게 한다.

그건 그렇고 인터넷 환경이 너무 안 좋아서 뭘 할 수가 없다. 초고

△ 시베리아횡단 도로 휴게소에서 잠깐 쉬고 있는 화물차들

△ 끝이 안 보이는 도로

속에서 살다가 완행에서 지내려니 불편하기가 이루 말할 수가 없다.

이르쿠츠크에서 니즈네오딘스크까지 530km 약 7시간 이동했다. 러시아 느낌이 물씬 나는 도시인 이르크추크에서 하룻밤을 묵었다. 아침 일찍 이동하면서 차 안에서 먹을 사과와 오이를 사려고 하는데 마트를 찾을 수가 없었다. 마트를 못 찾아서 헤매고 있는데 친절한 러시아인이 마트 앞까지 데려다주고 숙소 가는 길까지 알려주었다. 너무 고마웠다. 그런데 러시아어를 못해서 고맙다는 말도 못했다.

오늘은 그동안 본 회색의 러시아 색이 아닌 드넓은 울창한 삼림의 색을 보았다. 러시아란 나라는 참으로 광활하다. 한쪽에서는 전쟁 중인데 다른 지역에서는 지금 전쟁 중인 나라가 맞나 싶을 정도로 평온하다. 그래도 혹시 모르니 최대한 조용히 이동하고, 오늘 하루 달리는 동안에만 여러 번 바뀐 하늘을 카메라에 담는다.

광활한 초원, 광활한 대륙이란 말밖에 표현할 길이 없다. 러시아는 땅이 넓어서 그런지 컨테이너 차량 길이도 두 배나 길다. 다 크고 길다. 막힘없이 뻥 뚫린 길을 달리고 달린다.

AH6. 아시안하이웨이 6번

도시를 지날 때마다 도로 표지판 AH6를 확인한다. AH6의 시작점이 바로 부산이기 때문이다. 부산이 시작점인 이 도로는 러시아의 여러 도시와 심장부인 모스크바를 거쳐 벨라루스까지 이어진다. 그러니 시베리아 도로에서 이 AH6가 얼마나 반가운지 말해 무엇하랴.

#아시안하이웨이

유라시아 대륙 32개국을 연결하는 국제 고속도로망.

신실크로드 건설을 목표로 아시아와 유럽을 연결하는 총길이 14만

km에 이르는 간선도로이다.

우리나라는 경부고속도로를 활용한 AH 1번과 국도 7호선을 활용한 AH 6번 도로가 있는데 AH 1번과 AH 6번 둘 다 부산에서 출발한다. 아시안하이웨이 6호선의 대한민국 마지막 구간은 강원도 동해선 남북출입사무소로 군사분계선만 넘으면 바로 북한으로 이어진다. 이번에는 동해에서 블라디보스토크로 배로 넘어가지만 원산~하산 간 도로를 달릴 수 있는 날이 머지않아 오기를 기대해 본다.

10시간 달리는 건 기본, 노보시비르스크

오늘은 아친스크에서 노보시비르스크까지 740km 약 10시간 달렸다. 이젠 10시간 달리는 건 아무렇지도 않다. 오히려 5~6시간 이동하면 가볍다는 느낌까지 드니 말이다.

어제 모기 떼한테 물린 데가 너무 가렵다. 바이칼에서 미끄러져서 엉덩방아 찐 엉치뼈도 아직 회복이 덜 됐는데. 슬슬 피로도가 몰려온다.

노보시비르스크에 도착하니 숙소며 음식이며 한인회의 정성스러운 환대가 기다리고 있었다. 이게 웬일. 세상엔 이렇게 선한 영향력을 펼치는 사람들이 있구나. 갑자기 피로가 사라진다.

노보시비르스크에서 아침 7시에 출발, 오후 4시 옴스크에 도착했다. 645km 약 10시간을 달렸다. 옴스크 가는 길이 점점 눈에 익숙해진다.

한국에 돌아가면 많이 생각날 것 같다.

시베리아횡단 도로를 자동차로 있는 힘껏 달려 봤으니 이제 웬만한 도로는 그저 그럴 것도 같다. 언제 또 이런 경치를 볼 수 있을까 싶다. 오늘은 나중에라도 한 번씩 볼 요량으로 휴대폰을 고정해서 달리는 길 위주로 촬영해 본다.

이젠 제법 주유도 능숙하게 한다. 물론 여전히 앱으로 러시아어를 보여주어야 하지만 말이다. 주유소마다 주유 방법이 조금씩 달라서 매번 긴장을 한다. 잘못해서 휘발유가 아닌 경유를 주유하면 큰일 나기 때문이다.

화장실을 사용하려면 동전을 기계에 넣어야 안으로 들어갈 수 있다. 공공화장실이 무료였던 우리나라 화장실 환경에 비하면 처음에는 동전도 준비해야 하고, 동전이 없으면 빌려서 들어갔던 터라 불편했다. 그러나 이게 어디랴! 노상 방뇨하지 않을 수 있는 것만도 감사한 일이니.

시베리아의 파리

옴스크에 도착하자마자 둘러본 옴스크 시내는 소박하고 아담했다. 도스토옙스키가 유배지 생활을 했던 곳. 도스토옙스키 박물관을 관람했다. 그것도 박물관 과장이 직접 설명하고 박정곤 교수가 동시통역까지 해 주면서 말이다. 도스토옙스키의 자필 문서와 사형집행 시 입었던 죄수복까지 잘 전시되어 있었다. 여기 러시아 옴스크 아니면 볼 수 없는 자료들이 오늘 우리의 먼 거리 바쁜 걸음을 박물관으로 이끌지 않았나 싶다.

서양사에서 1940년대는 최고의 격동기였다. 나폴레옹 몰락 이후 수립된 반동적 빈체제는 유럽 전역에서 자유주의자들의 저항을 불러일으켰는데 러시아도 예외는 아니었다. 도스토옙스키도 이 거대한 혁명의 물결에서 벗어날 수 없었다. 시베리아 유형 4년 형을 선고받고 5kg의 쇠고랑을 발에 차고 지붕도 없는 썰매에 실려 엄동설한의 눈보라 속을 16일 동안 달려 옴스크에 도착한다. 도스토옙스키는 이곳에서의 생활을 지옥 그 자체였다고 하면서 자전소설 '죽음의 집의 기

△ 도스토옙스키 박물관

△ 도스토옙스키가 사형당할 때 입었던 사형복

록'을 발표한다.

고생이라곤 모르고 산 귀족 장교이자 작가인 도스토옙스키를 가장 힘들게 한 것은 상상을 초월하는 영하 40도에서의 중노동이 아니라, 귀족 인텔리와 민중 간의 벽인 깊은 괴리에서 오는 자괴감이었다고 한다.

△ 옴스크에 있는 러시아 정교회

이런 도스토옙스키를 동정했던 한 소녀에 의해 인간에 대한 애정과 구원에 대한 믿음을 회복하면서 이 소녀는 훗날 '죄와 벌'에서 살인자 라스콜니코프를 구원하는 창녀 소냐의 모습으로 재탄생하게 된다. 덕분에 옴스크는 오늘날 최고의 문화유산을 보유하게 되었다.

여기 옴스크 공기가 꽤 차갑다. 그래서 그런지 어제 모기 떼에게 물린 부위가 조금씩 가라앉았다.

오늘 아침 부산일보 조간에 유라시아평화원정대 기사가 큼지막하게 잘 나왔다.[1]

---

1 〈러시아 횡단 중인 평화원정대, 엑스포 유치 홍보도 순항〉, http://mobile.busan.com/view/busan/view.php

2022년 6월 29일 오후 12:52 편집

20220629_095247.jpg
/내장 저장공간/DCIM/Camera

Samsung SM-S906N 인물 사진

3.94MB 4000x1848 7MP
ISO 250 23mm 0.0ev F1.8 1/100 s

11 MIKRORAYON
11 МИКРОРАЙОН
Google
AL'NYY
OKRUG
ЦЕНТРАЛЬНЫЙ

Ulitsa Taube, 13, Omsk, Omskaya oblast', 러시아 644002

러시아의 영화배우 튜멘 영사

680㎞ 약 9시간 옴스크에서 튜멘으로 이동했다. 튜멘으로 가고 있는 사이 1시간이 또 거슬러 올라갔다. 3일 동안 하루에 한 시간씩 벌었다. 일 주일간 매일 8~10시간 주행하고 있다. 아침 일찍 출발해서 달리고 또 달렸다. 그것도 시베리아횡단 도로를. 정말 꿈 같은 일이다.

한국에 돌아가면 그리울 것 같아서 어제부터 영상에 부지런히 담고 있는 중이다. 숙소에 도착해서 찍은 영상을 보니 또 다른 느낌이다. 하늘이 내린 대자연의 절경이다.

내일은 튜멘에서 하루 더 묵을 예정이라 푹 쉬려고 했는데 튜멘 총영사와의 미팅도 있고 한인회의 웰컴 행사도 있어서 마음이 바쁘다. 그런 와중에 전쟁 중인 나라를 이렇게 평화롭게 지나가게 해주니 감사하단 마음이 든다.

#러시아 건축의 꽃 양파형 지붕

러시아 건축물 하면 아라비안나이트 속으로 들어온 듯한 착각을 일으키는 양파형 지붕이 떠오른다. 이 지붕들은 어디서 왔을까?

2,000년이 넘는 유럽의 석조건축 문화와 러시아의 소박한 목조건축 문화가 만난 결과라고 한다. 러시아가 한창 영토를 확장하던 15세기에 석조 돔의 단순한 선을 살짝 투구 모양으로 바꾸고 이후 점차

기교의 강도를 올려서 16세기부터는 아예 건물 하단 본체부터 양파 모양을 한 돔 형식으로 건축했다.

이는 유럽 건축가들에게는 결코 상상도 할 수 없는 일인데 반해 러시아에서는 종교 행위를 시각 예술적 감각으로 이해하는 문화적 특성 때문에 가능한 일이었다.

양파 모양의 지붕은 촛불을 형상화한 것으로 러시아 정교 신자들이 신에게 올리는 기도를 시각적으로 표현한 것이다. 또한 폭설이 잦은 러시아에서는 돔에 눈이 쌓이지 않게 하는 효과까지 건축학적으로 치밀하게 고려한 것이라고 한다. 못 하나 없이 오직 도끼 하나로 집과 교회를 지은 방식은 한때 유럽인들에게는 경멸의 대상이기도 했다는데 러시아인들의 이런 문화적 뚝심이야말로 괴테가 말한 '가장 민족적인 것이 가장 세계적이다'가 아닐까 싶다.

#아름다운 겉모습과는 달리 왕후들의 감옥으로

러시아 정교에서 배우자에게 간음이나 장기간 부재 등 결정적 결격 사유가 없는 한 이혼은 사실상 금지되어 있다. 그러나 예외적 상황이 하나 있었는데 바로 부인이 너무나 독실한 나머지 수녀가 되기로 결심하는 경우다.

1526년 러시아의 왕 바실리 3세는 이를 악용하기로 대주교와 짜고 공식적으로 여왕 솔로모니아가 자발적으로 출가를 결심했다고 발표한다. 그리고 노보데비치 수도원으로 끌고 가서 폭력까지 가하며 머

▽ 모스크바 노보데비치 수도원

리를 깎이고는 가택연금을 해 버렸다.

이 사건 이후로 역대 러시아 황제들은 이혼하기 위해 종종 이 수법을 사용했다고 한다. 수도원이 강제로 이혼당한 왕후들의 감옥이 되었다는 건데 흥미로운 사실은 '신의 보복이 있을 것이다'라고 한 솔로모니아 왕후의 저주가 통했는지 아내를 수도원으로 쫓아낸 왕들은 하나같이 불행한 말년을 보냈다고 한다.

피의 사원

오늘은 튜멘에서 예카테린부르크로 이동했다.

370km 약 5시간. 부산-서울 거리인데 그간 달린 것 중에 가장 짧은 거리였다. 부담 없이 가벼운 맘으로 이동했다.

예카테린부르크 명예 영사관 주선으로 러시아 방송과 인터뷰를 했다. 오늘은 기자가 궁금한 일반적인 질문을 하길래 "러시아 사람들의 미소가 따뜻해서 좋았다.", "환대해 줘서 고마웠다" 등으로 대답하니 너무 좋아했다.

피의 사원은 제정 러시아의 마지막 황제 니콜라이 2세와 그 가족들이 비극적 최후를 마친 곳에 세운 성당이다. 러시아 정교회는 그를 성인으로 시성하고 마지막 차르의 영혼을 위로하기 위해 처형된 장소에 '피의 사원'을 세웠다. 성당 옆에는 니콜라이 2세의 삶을 소개하는 전시실이 있어서 둘러보았다.

1918년 7월 새벽 사진 속 니콜라이 2세와 그 가족들의 얼굴에서 공포가 느껴진다. 그날의 광경이 영화의 한 장면처럼 스치고 지나간다.

러시아의 마지막 황제와 그 가족이 비극적으로 생을 마감한 도시 예카테린부르크. 역사적으로는 러시아 제국이 끝난 곳이지만 지리적으로 보면 아시아가 끝나고 유럽이 시작되는 경계의 도시이기도 하다.

더 흥미로운 건 러시아 제국의 종지부를 찍은 예카테린부르크가 소련의 종지부를 찍은 보리스 옐친의 고향이라는 사실에서 기막힌 역사적 아이러니를 본다.

내일은 아침 일찍 출발해서 약 1천㎞ 12시간 주행할 예정이다.

△ 피의 사원 내에 있는 니콜라이 2세와 그의 가족들 사진

엄마, 러시아 국영방송에 출연하다

러시아 영화배우를 연상케 하는 중년 남성의 굵은 저음 목소리에 러시아어가 이렇게 매력적인 줄 오늘에야 알았다. 대륙의 스케일이 느껴지는 튜멘시 율야 이고르삼카에브 명예영사의 환대에 몸 둘 바를 모르겠다.

튜멘시의 점심 식사를 대접받고 러시아 제1 국영방송의 인터뷰도 했다. 엄청난 가스와 석유 생산지인 튜멘시 차원에서 우리들에게 홍보하기 위한 자리였다. 부산이 2030 월드 엑스포를 유치하기를 함께 기원했다.

내일 저녁 메인 뉴스에 나온다고 한다. 러시아 방송에 나온다니 정말 신기하다.

떠나기 전에 전쟁 중인 지역을 굳이 가야 하는 이유가 있냐고들 했다. 러시아는 안전하게 조용히 지나가기만 하겠다고 했는데 이런 환대를 받을 줄이야. 정말 전쟁 중인 나라가 맞나 싶을 정도다.

자작나무의 용도와 시베리아의 중요한 교통수단인 헬기에 대해서 설명을 들었다. 북쪽 지방의 상징인 불곰과 최근 최고의 관심사인 석유와 가스 개발, 우랄 지역에 산재해 있는 천연자원에 대해서도 자세

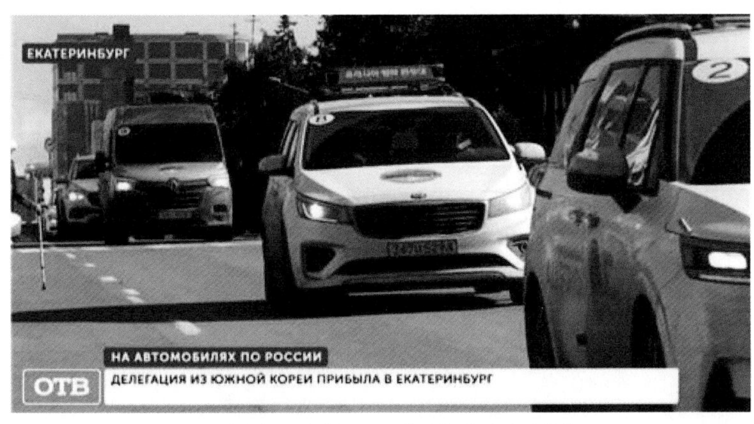

△ 러시아 국영방송 뉴스에 방송된 평화원정대

히 설명해 주었다. 평화와 우정을 매우 중요하게 생각한다면서 우리를 형제의 나라에서 온 사람들이라고 했다. 그리고 한국 사람들을 고려인이라고 통칭했다. 남한도 북한도 아닌. 그렇구나. 우리만 나눠서 불렀었구나.

러시아 국영방송 인터뷰

유라시아평화원정대원들이 차로 예카테린부르크에 도착했습니다. 한국에서 온 30명 이상의 다양한 직업 대표자들이 스베르들롭스크 지역을 여행합니다.

"우리 유라시아평화원정대의 러시아 원정을 러시아와 한국의 우정에 바칩니다. 정치적인 것도 아니고 종교적인 것도 아닙니다. 순전히 민간 외교 우정을 위해서입니다."

원정대원들은 이미 블라디보스토크와 울란우데를 방문했습니다. 여행하는 동안 그들은 명소에 대해 알게 되었을 뿐만 아니라 러시아에 관해서 영상도 찍습니다. 이 영화는 한국에서 열리는 영화제에서 상영될 예정입니다.

예카테린부르크에서는 동아시아에서 온 손님들이 피의 사원을 방문했습니다. 내일 원정대원들은 카잔으로 떠날 것입니다.

유라시아평화원정대 한미영 대표는 "러시아는 처음인데 여기 온 지 오래된 것 같아요. 가장 중요한 것은 모든 도시에서 우리를 따뜻하게 대해 주었다는 것입니다. 그래서 도시의 상징은 건물이 아닌 지역민들의 따뜻한 미소라고 생각합니다."

Участники автопробега из Южной Кореи побыв али в Тюмени..

Дружба народов. В областной столице побыва ли участники автопробега из Южной Кореи. Цел ь экспедиции - развитие международных отноше ний в области культуры. За 135 дней путешестве нники посетят 28 государств.

Два года подготовки к экспедиции, почти 12 ты сяч километров российских дорог и 21 день в пу ти уже позади. Первая крупная остановка — Тюм ень. Именно ей участники автомобильного тура посветят целых два дня, чтобы ближе познаком иться с городом и его культурой.

В путешествие по областной столице делегаци я из 36 участников отправилась на экскурсионно м автобусе. Программа насыщенная: посещение с амых знаковых, исторических мест города. Одни м из таких, конечно, стал парк дружбы между Ро ссией и Республикой Корея. В других городах та кого путешественники не видели.

Участники экспедиции — обычные люди, котор ые мечтали отправиться в большое путешествие . Это учителя, деятели культуры, предпринимат ели, студенты. Особый интерес у гостей вызвал музей имени Словцова.

Знакомство с городом продолжилось автобусн ой экскурсией "Тюмень купеческая". Посмотрели особняки в исторической части города, прогулял ись по площади Борцов революции и мосту Влю бленных. Путешественников угостили чаем с ко нфетами и наливочкой на сибирской ягоде моро шке.

После такого теплого приема на центральной г ородской площади у арт-объекта "Нулевой килом

етр" путешественники исполнили свою народную песню, в которой говорится о тихой, спокойной жизни в деревне, о любви и мире.

Участники автопробега отметили, пока Тюмень для них остается самым гостеприимным городом. Хлебосольно, щедро приветствуют гостей в областной столице почетный консул Республики Корея в Тюмени Игорь Самкаев.

러시아의 유럽, 니즈니노브고로드

백야와 시차 때문에 시간 감각이 없어졌다.

겉보기에는 컨테이너 트럭처럼 보이는데 밤새워 운전하는 운전자들을 위한 휴게소가 있었다. 숙박시설과 음식점, 샤워장과 세탁장이 있는 휴게소 호텔인 셈이다. 휴게소 호텔에서 숙박하고 새벽에 늦은 저녁 식사를 했다.

몇 시간 눈 붙이고 나니 오전 6시다. 간단히 아침 식사하고 니즈니노브고로드로 향해 출발했다. 시차도 시차지만 백야 때문에 시간 감각이 없어졌다. 몸이 시간에 적응이 안 된다. 피곤하지만 언제 이런 경험을 해 보겠나 싶어서 즐기고 있는 중이다.

약 410㎞ 주행시간 5시간 정도. 이제 이 정도는 가볍게 달린다.

어제 동양에서 서양으로 넘어온 후 첫 서양이 느껴지는 도시다. 사람들이 일단 깔끔하고 세련됐다. 유럽 느낌이 난다. 재밌게도 동서양에 걸쳐 있는 러시아 내에서도 동양과 서양의 느낌은 사뭇 다르다. 뭐 어디가 더 좋고 안 좋고의 개념이 아닌 그렇다는 거다.

이른 저녁을 먹고 밀린 일들 정리하려고 하는데 와이파이가 안 된다. 아무것도 할 수가 없다. 자료도 정리해서 넘겨야 하고 기록도 해야 하는데 말이다.

통신 강국이 선진국인 세상이다. 매일 느낀다. 내일은 드디어 러시아의 수도 모스크바로 간다.

우랄을 넘어 카잔으로

에카테린부르크에서 카잔을 향해 아침 7시 반에 출발했다. 동양에서 서양으로 넘어가는 경계비에서 그동안 우리를 에스코트해 준 영사와 작별 인사를 했다.

9시 반부터 이번 여행의 최장 거리인 1천km 약 13시간의 장도에 올랐다. 우랄 넘어올 때 다시 2시간 거슬러 올라간다.

하늘조차 잘 안 보이는 깊은 숲속 길. 2시간 동안 오프로드를 달렸다.

언제 또 이런 달려 볼까 싶다. 그런데 출발하고 얼마 안 지나 뒤따라오던 차량 1대가 대열에서 이탈했다. 그리고는 얼마 안 가서 또 1대가 이탈해서 5대만 남았다.

전화도 인터넷도 무전도 안 되는 상태에서 각자가 목적지만 향해 달렸다. 무사히 만나기를 바라면서 말이다.

우랄산맥을 앞서거니 뒤서거니
손잡았던 동무는 바람에 떨어지고
망망대해 조각배 한점이 되었는가.

갈 길 먼 동무들은 걱정 속 끓이고

개미들의 행진 보고

구름은 웃고 있네

우랄산맥 넘자던 임

왜 이리 보고 플까.

-「우랄 넘어가는 길」 공인구 박사 메모

러시아의 수도, 모스크바로

오늘이 2022년 7월 4일이니 집 떠난 지 정확히 한 달이 되는 셈이다.

니즈니노브고로드에서 410km 달려 약 6시간 만에 드디어 러시아의 수도 모스크바에 도착했다. 모스크바에서 이틀 쉬고 러시아 국경을 넘어 라트비아로 넘어갈 예정이다.

30여 일간의 러시아 일정이 거의 막바지에 왔다. 모스크바에 입성하는 순간 '무사히 잘 왔구나'. 한고비 넘어간다.

넘어오는 길에 천년고도의 도시 수즈달에 들러 소엽 선생의 약글 퍼포먼스를 함께 했다. 끝까지 간다! 이어라,

내일은 편안하게 모스크바 시내를 둘러볼 예정이다. 기대된다.

아르바트 거리

아르바트 거리 상점에 걸린 태극기가 친한 러시아인들이 늘어나고

있음을 실감 나게 한다. 크렘린궁과 붉은 광장, 구세주 성당, 예카브리트 대제 궁전 등 이들의 건축 스케일이 상상 이상이다. 우리의 다음 세대가 닫힌 한반도를 넘어 유라시아 대륙으로 지리적 상상력을 확장할 수 있길 바라본다.

유럽 넘어가기 전에 차량 점검한다고 거의 하루를 보냈다. 우리나라 같으면 간단한 차량 점검은 1시간 정도면 충분할 텐데 여기 러시아는 하루 종일 걸린다. 고객이 눈앞에서 기다리고 있는데도 커피 마시고 담배 피우고 할 일 다 하고 어슬렁어슬렁 온다. 속이 터지는 줄 알았다. 그런데 어쩌랴. 기다리는 수밖에.

오후 늦게 지성의 산실인 모스크바 대학을 찾았다. 대학 캠퍼스에서조차 대륙의 스케일이 느껴진다. 아이들을 데리고 온 부모들이 간간이 눈에 띄었다. 본관 전면에 아이를 세워 놓고 정성을 다해 사진을 찍는 모습이 낯설지가 않다. 여기 교육열도 장난이 아니구나 싶다.

세월을 짐작하게 하는 아름드리나무가 캠퍼스 곳곳에 있다. 우거진 벤치에 앉아 오랜만에 편안한 시간을 가져 본다. 여행이 좀 이런 여유도 있어야 하는데 너무 달리기만 한 것 같다는 생각이 든다.

#러시아 수도 모스크바

모스크바는 러시아의 수도이며 인구는 약 1,270만 명으로 러시아는 물론 유럽 대륙에서 가장 인구가 많고 세계적으로도 큰 도시이다. 소련이 건국된 1922년에 볼셰비키 정권의 사회주의 이념에 맞게 개조되었으며 20세기 냉전 시대 공산주의 진영을 대표하는 도시였다.

#몽골의 지배에서 러시아의 중심으로

1231년 고려를 침공한 몽골은 러시아 국경까지 침공하는 데 성공하면서 이후 러시아는 무려 240년간이나 몽골의 지배를 받게 된다. 몽골의 지배는 러시아의 문화와 역사에 많은 영향을 끼쳤는데 14세기부터 시작된 유럽의 르네상스와 산업화로부터 철저히 단절되어 오랫동안 농업국가로 남아 있던 것도 몽골의 지배를 그 요인으로 본다. 그런 탓에 혈통적으로나 문화적으로나 유럽에 뿌리를 둔 러시아는 유럽의 아시아 혹은 아시아의 유럽이라는 정체성 혼란을 겪게 된다.

하지만 아이러니하게도 모스크바가 러시아의 중심으로 부상하게 된 결정적 이유가 몽골에 가장 충직했기 때문인데 몽골의 인정을 받기 위한 경쟁에서 가장 돋보인 사람이 바로 모스크바 공후였기 때문이라고 한다.

#240년 몽골의 지배를 깬 위대한 리더십

러시아가 무려 240년 만에 몽골 지배로부터 벗어난 것은 러시아인들이 뭉칠 수 있도록 큰 꿈을 보여준 이반 3세의 통합의 리더십 덕분이라고 한다. 2개의 로마가 무너졌고 세 번째 로마인 모스크바가 일

크렘린궁과 붉은 광장 ▷

어서는데 이 모스크바가 망하면 세상의 종말이 온다는 '제3의 로마 설'이다. 제3의 로마 설을 정당화하기 위한 집요하고도 전방위적인 노력으로 시베리아 정벌을 시작하는 기초가 되었을 뿐만 아니라 유럽 제패를 꿈꾸게 된 배경으로 작용한다.

#건축

모스크바는 옛 러시아 제국, 구소련, 그리고 현대의 건축물이 모두 모여있는 도시이다. 스탈린 양식 특유의 고풍스럽고 웅장한 모습이 과거 러시아 제국 시절의 건물과 조화를 이루어 크렘린과 함께 도시의 랜드마크 역할을 하며 2000년대 이후 커튼 월(일명 유리궁전) 방식의 초고층 빌딩들이 자리 잡고 있다.

러시아가 사랑한 고려인 가수 빅토르 최

모스크바는 그 위용만큼이나 도시가 품어내는 포스가 시선을 압도했다. 궁전 같은 지하철 역사가 어지간한 미술관보다도 더 우아하다.

푸시킨의 신혼집과 러시아연방 외교부, 블락 아크자바 작가, 스코프 장군 벽화 및 최근 오픈한 한국 문화원까지. 러시아인들의 문학과 예술을 대하는 태도를 가늠하게 한다. 그중에서도 유난히 '빅토르 최' 벽화가 눈길을 끈다.

빅토르 최는 고려인 4세였다. 강제 이주의 과정을 거치며 정착한 곳이 레닌그라드. 이곳에서 음악가로서의 예술적 재능을 보이지만 사회주의를 선동하는 가사가 아니면 음반을 낼 수도 무대에 오를 수도 없었다.

서정적이면서도 시대정신을 담은 노랫말, 중저음 목소리, 러시아 특유의 음울한 정서가 밴 그의 음악은 러시아인들을 열광시켰다. 러시아 젊은이들에게 반전사상을 불어넣으며 우상으로 떠올랐다.

1990년 난생처음 증조부의 나라인 한국을 방문한다는 꿈에 부풀었으나 원인을 알 수 없는 교통사고로 죽음을 맞이한다. 그가 세상을 떠난 지 30년이 지난 지금도 그를 추모하는 열기는 식을 줄 모른다.

윤도현 밴드가 번안해서 불렀던 빅토르 최의 노래 가사가 떠올랐다. "대가를 치러 이길 수야 있지만 그런 승리는 원치 않는다."

△ 붉은 광장 벽

Good-bye 러시아

25일간의 러시아에서의 여정을 마무리하고 라트비아 국경을 넘는다. 국경을 넘으려는 차량 행렬들 속에서 잠시 돌아본다. 그간 앞만 보고 달린다고 못 봤던 러시아의 공기와 하늘빛과 사람들. 시베리아 벌판에 끝없이 펼쳐진 자작 나무숲과 광활한 대지와 웅장한 건물들. 잊지 못할 것 같다. 다시 또 올 수 있을까.

Good-bye, Russia.

△ 러시아-라트비아 국경을 넘으려는 차량 행렬 속의 우리 차

유럽

이동 경로 및 숙소 정보

러시아 → 라트비아 리가 → 리투아니아 빌니우스 → 폴란드 바르샤바 → 폴란드 포즈난 → 독일 베를린 → 독일 포츠담 → 독일 뉘른베르크 → 로텐부르크→ 프랑크푸르트 → 쾰른 → 네덜란드 헤이그 → 로테르담 → 암스테르담 → 벨기에 브뤼헤 → 벨기에 브뤼셀 → 프랑스 파리 → 오베르쉬르우아즈 → 쥐베흐니 → 파리 → 낭트 → 프랑스 보르도 → 스페인 빌바오 → 피레네산맥 → 부르고스→ 레온 → 포르투갈 포르투(5,395㎞)

국가/도시(지역)	숙소명	주소
라트비아 리가	Green Vilnius Hotel	Pilaitės pr. 20, Vilnius 04352, Lithuania Green hotel
리투아니아 빌니우스	Hostel a&o	Marcina Kasprzaka 18/20, 01-211 Warszawa, 폴란드
폴란드 바르샤바	Exploris residence	Małeckiego 25, 60-708 Poznań, 폴란드
폴란드 포즈난	CREO Hotel Dessau	Sollnitzer Allee 4, 06842 Dessau-Roßlau
독일 포츠담	HOTEL Am Wiesenweg	Am Wiesenweg 9, 97262 Hausen bei Würzburg, 독일
뉘른베르크	Am Main-Taunus-Zentrum	Am Main-Taunus-Zentrum (+49 6196 7630)
프랑크푸르트	B&B HOTELS	Oskar-Jäger-Straße 115, 50825 Köln, 독일

국가/도시(지역)	숙소명	주소
독일 쾰른	Bastion Hotel Rotterdam Aleexander	Hoofdweg 40, 3067 GH Rotterdam, 네덜란드
벨기에 브뤼헤	Hôtel Première Classe Paris Nanterre	16 Rue des Haras, 92000 Nanterre, 프랑스
프랑스 파리	Hôtel Première Classe Paris Nanterre	16 Rue des Haras, 92000 Nanterre, 프랑스
낭트	ibis budget Nantes Ouest Atlantis Coueron	Rue Des Meuniers, La Barrière Noire, 44220 Couëron, 프랑스
보르도	Whoo Hostel	12 Rue de Gironde, 33300 Bordeaux, 프랑스
스페인 빌바오	bilbao PoshTel	Heros Kalea, 7, 48009 Bilbo, Bizkaia, 스페인
레온	Leon Hostel	Calle Ancha, 8, 3º Derecha, 24003 León, 스페인
포르투갈 포르투	The Central House	R. de São João 40, 4050-492 Porto, 포르투갈
리스본	S&S 호스텔	Av. António Augusto de Aguiar 90, 1050-010 Lisboa, 포르투갈

미래엔 국경이 없어진다고?

16시간 만에 라트비아 국경 통과

러시아 국경 도착 16시간 만에 라트비아 국경을 넘었다.

서류 접수 → 1시간에 4대씩 진행 → 끝없는 줄 → 계속 기다림 → 드디어 서류 확인 → 차 안에 있는 짐 검사 → 통과 → 라트비아 보더 검사 → 서류 검사 → 통관 서류 검사 → 차량 Inspection → Done.

얼마나 긴장을 했는지 모른다. 차 타고 그어놓은 선을 따라 약 10미터 정도 운전하니 라트비아란다. 웅장한 러시아 풍경을 보다가 라트비아에 오니 아담하고 소박한 느낌이다. 가끔씩 자작나무도 보이지만 이 역시도 아담했다. 라트비아가 황새 서식지인가? 김 감독이 황새 보면 알려달라는데.

다들 국경을 넘느라 지쳤다. 내일 아침에 리투아니아로 갈 예정이라 간단히 시내만 둘러봤다.

#발트 3국 라트비아, 리투아니아, 에스토니아

발트 3국은 발트해 남동 해안에 위치한 에스토니아, 라트비아, 리투아니아 3국 간의 연합을 일컫는 말이다.

발트 3국은 수 세기 동안 주변 강대국들에게 지배당하다가 1917년부터 독립했으나 제2차 세계대전 중인 1940년 소련에 귀속되었다. 1991년 소련이 해체되기 직전 1990년에 독립을 선언하였고 소련은 1991년 9월 6일 발트 3국의 독립을 인정하였다.

발트 3국은 냉전 시대 소련의 불법 점령을 강조하면서 2002년 오랜 정치적 숙원인 서유럽과의 통합에 성공한다. 2004년 북대서양조약기구와 유럽연합에 가입하고 유로화를 도입하면서 친미 친서방 외교 노선을 고수하고 있다.

△ 리투아니아 국기와 우크라이나 국기가 함께 걸려 있다.

내겐 너무 특별한 네덜란드 헤이그

독일 퀼른에서 딸아이가 있는 네덜란드 헤이그로 넘어간다. 약 290km 3시간 반 이동. 국경을 넘었는지도 모르게 넘어왔다. 먼 길 달려 도착한 이곳.

이 도시를 들어서며 네덜란드에서 유학하고 있는 딸아이가 생각났다. 참 멀리도 왔다. 이곳에서 혼자 지내면서 여기 애들한테 지지 않으려고 안간힘을 썼을 걸 생각하니 짠한 마음이 밀려온다.

마침 전화가 왔길래 사람들과 이동 중이라서 통화가 어렵다고 했다. 지금 컨디션이 좋으면 티비, 안 좋으면 컴퓨터라고 둘만의 암호를 말해준다. 티비라고 답해 주었다. 그랬더니 티비는 새로운 세상에 대한 호기심이란다. 맞는 말이다. 역시 내 딸이다.

이 와중에도 엄마 기 살려주려고 에너지를 불어넣어 준다.

이곳 네덜란드 사람들은 우리가 신기한지 자꾸 쳐다본다. 사진도 친절하게 잘 찍어준다. 역시 세계에서 가장 차별이 없는 나라답다.

네덜란드 로테르담에서 암스테르담을 거쳐 벨기에 브뤼헤까지 약 300km 4시간여를 이동했다. 다시 가 본 암스테르담역 주변 캐널 크루즈. 여전히 있었지만 시간 관계상 눈으로만 보고 다음 경유지인 벨기에로 향해 출발했다. 아쉬웠다. 캐널 크루즈 타면서 수상가옥도 보고 싶었는데.

△ 헤이그 들어서는 고속도로 간판

벨기에 브뤼셀에서 프랑스 파리까지 약 300km 4시간 이동. 시간이 어떻게 가는지 모르겠다. 정신없이 간다.

벨기에 브뤼셀 대성당 앞에서 유명한 벨기에 와플과 초콜릿을 먹고 마음에 드는 색깔의 모자를 샀다. 잘 익은 겨자색 모자를 쓰니 기분이 한결 좋아진다.

△ 네덜란드 암스테르담 캐널 크루즈

3시간여를 달려 프랑스 파리에 도착했다. 역시 세계적인 도시답다. 도시 진입부터 그 포스가 느껴졌다. 에펠탑을 비롯하여 많은 웅장한 건물들과 건물들에 새겨진 그 조각들이 탄성을 자아내게 한다. 그 시대에 어떻게 저런 양식의 건축물들을 만들고 지금까지 관리할 수 있었는지 대단하다는 말 밖에 안 나온다.

정해진 기간 안에 여러 나라를 통과해야 하니 찬찬히 돌아볼 수 없는 상황이 아쉬울 따름이다. 시간상 간단하게 빵 한 조각과 커피 한 잔으로 때울 때도 있다. 그러나 갓 구운 빵과 에스프레소는 기분을 너무 좋게 한다. 현지에서 먹는 즐거움이란 바로 이 맛!

그 와중에도 잊지 않고 부산월드엑스포 파이팅!을 외친다.[2]

#네덜란드 암스테르담

어렸을 때부터 네덜란드 사람들은 일찍 잠자리에 드는 습관을 들인다고 한다. 그래서인지 마약과 자유분방한 성 때문에 저녁 문화가 발달해 있을 것 같지만 놀랍게도 저녁 6시 이후에는 거리의 상점이 거의 문을 닫아서 놀랐던 기억이 난다.

특히 주말과 평일을 구분하지 않고 자전거, 러닝, 수영 등에 많은 시간을 투자하는데 지하철역 근처에 자전거 주차장에 수백 대의 자전거가 빼곡히 주차해 있는 모습은 네덜란드 사람들의 환경과 건강에 대한 인식이 얼마나 앞서있고 철저한지를 보여준다.

#암스테르담 집들은 왜 기울어져 있을까?

집들이 앞으로 기운 것뿐만 아니라 삐뚤삐뚤한 이유는 면적으로

---

2 "러시아 횡단하며 평화메시지 전달… 파리로 가는 유라시아평화원정대", http://naver.me/G5lSyGpa

세금을 매기다 보니 아래 면적은 작게 하고 위로 갈수록 면적을 크게 해서 그런 거라고. 그러나 그런 해프닝이 이제는 암스테르담을 상징하는 미학이 되었으니 참 아이러니하다.

결국 엄마가 해냈다!

프랑스 파리 BIE 사무국 만남

드디어 프랑스 파리 BIE 사무국에 도착했다. 열흘 전에 BIE 홈페이지에 들어가서 홍보 책임자 이메일을 알아냈고 방문 목적과 취지 등을 적어서 이메일을 발송했다. 만약 답이 안 오면 그냥 방문이라도 하겠다고 마음먹었다. 이틀째 되던 날 드디어 답장이 왔다. 와도 된

△ BIE 사무국 방문

다고. 얼마나 기뻤던지.

오늘이 그날이다. 30명의 서명이 들어간 영문 청원서를 준비하고 만나면 무슨 말을 할지 머릿속으로 계속 생각했다. 대표로 3~4명만 들어가기로 하고 BIE 사무국 문 앞에 섰다. 들어오라는 신호가 왔다. 그때부터 가슴이 쿵닥쿵닥 뛰기 시작했다.

△ BIE 사무국 정문 앞에서

△ BIE 사무국 앞 현판

홍보관 앞에 섰을 때 둘러보니 다들 쭈뼛쭈뼛하게 뒤로 물러나 있고 나 혼자 홍보관과 대면하고 있는 게 아닌가. 순간 머릿속이 하얘지고 정신이 하나도 없었다. 열심히 뭔가를 말했고 청원서도 전달했는데 뭐라고 했는지 기억이 하나도 안 났다.

나중에 영상을 보니 열심히 연습한 걸 얘기해야 했는데 같은 말만 반복하고 있었다. 제발 부산이 되게 해 달라고 몇 번을 얘기하고 있는지. 좀 우습기도 하고 민망하기도 했다. 누군가 기록할 것이다. 그날 엄마는 용감하고 훌륭했다고.

"유라시아의 동쪽 출발점 부산에서 열리는 2030 월드엑스포가 세계사와 문명사의 흐름을 긍정적으로 바꾸는 바람이길 희망하면서 반드시 유치될 수 있도록 청원 드립니다."

베스트 드라이버도 긴장한 개선문 로터리

파리 도로는 많은 차들로 인해 너무 복잡하다. 이번 파리 일정에서 개선문 로터리만 몇 번째 도는지 모르겠다. 신호등도 없는 방사선이어서 반대 방향에서 갑자기 치고 들어온다. 빠른 속도로 들어오는 바람에 깜짝 놀란 것이 여러 번이다. 어지간해서는 파리에서 운전할 엄두도 못 낼 지경이다. 그런데 신기하게도 교통 사고율이 낮다고 한

△ 프랑스 파리 에펠탑 앞에서

다. 천천히 머리부터 들이밀면 알아서 양보해 준다고 하는데도 안 하고 싶다.

오늘은 차 수리센터 섭외한다고 하루가 다 갔다. 루브르 박물관이나 오르세 미술관을 얼른 다녀오려고 했는데 단체로 움직이니 그럴 수도 없고. 아쉬움을 뒤로 하고 내일은 보르도로 직행한다.

파리에서 차량이 통째로 털리다

아침부터 완전 멘붕 상태다. 프랑스 파리 시내 호텔에서 묵고 차 빼려고 주차 건물로 가는데 뭔가 싸한 느낌이 들었다. 도착해서 보니 차 뒷유리가 부서져 있었다. 차 안 데쉬 박스는 다 열려 있었고 트렁크에 있던 캐리어들은 보이지 않았다. '아뿔싸, 통째로 털렸구나.' 가슴이 쿵쾅쿵쾅 떨렸다. 이 일을 어쩌지.

호텔 경비실로 뛰어가서 이 사실을 알렸다. 놀라는 기색도 없이 경찰서에 가란다. 뭐라 알려주는데 프랑스어여서 무슨 말인지 알아듣지도 못하겠다. 겨우 구글 검색해서 경찰서에 도착하니 줄이 길게 늘어서 있었다. 경찰관 앞에서 영어로 말했다가 못 알아듣는 것 같으면 구글 번역기로 보여주기를 반복했다. 이런 일이 비일비재한 듯 같은 말만 반복한다. 절차 밟으라고.

'여행자 도난보험 들었나, 물건 목록과 경위서를 작성해라, 경위서 확인해 보고 경찰서에서 확인서 발급 여부를 알려주겠다. 확인하고 발급하는 데 하루 정도 걸린다. 발급서를 한국 보험사에 제출해라'였다. 다시 말해서 우리는 아무것도 해 줄 수 없으니 너희 나라 보험사에서 보험금 받으라는 거다. 부랴부랴 도난보험 확인해 보니 들이는 시간이나 비용에 비해 보험금이 너무 적었다. 대열에서 이탈하는 것도 그렇고.

프랑스 파리 시내 한복판에서 어떻게 이런 일이. 기가 막힌다. 차 안에 중요한 게 뭐가 있었는지부터 생각했다. 다행히 여권, 국제운전면허증, 카드, 아이패드는 가지고 있었다. 그나마 그걸로 위안 삼고

'이제 어떻게 하지?' 뭘 어떻게 해야 할지 모르겠다.

일단 차 안을 정리하고, 박살 난 유리창은 임시로 땜빵하기로 했다. 여기저기 자동차 서비스센터에 전화해 보니 예약이 어쩌고저쩌고 한다. 여행자라고 아무리 설명해도. 정말 어떻게 해야 할지를 모르겠다. 정말 울고 싶었다. 왜 여기까지 와서 이 고생을.

그러고 보니 하루 종일 한 끼도 못 먹었다. 일단 요기부터 하고 앞서 출발한 팀들과 합류하기로 했다. 하나씩 정리하고 정신을 가다듬는다.

두꺼운 종이를 얻어서 깨진 창문을 가리고 가는데 '깨진 유리창 수리'라고 적힌 간판이 눈에 들어왔다. 급하게 차를 돌려 들어가서 사정 설명을 하고 최대한 빨리 튼튼하게 수리해달라고 했다. 정품 부품은 없으니 플라스틱 유리로 수리해 주겠단다. 플라스틱이라니. "차량 털이를 당했는데 플라스틱이면 그냥 대놓고 털이할 것 아니냐, 앞으로 스페인 이탈리아 등 소매치기 많은 나라로 가는데." 그러자 차량 털이가 얼마나 일상적인 일인지, 그렇게들 많이 하니까 걱정하지 말란다. 이렇게라도 할 수 있는 게 어디냐 싶어 알겠다고 하고 마치기만을 기다렸다. 다 끝났다며 튼튼하니 걱정하지 말라면서 비상용 테이프까지 챙겨주었다. 여행 잘하라면서 수리비도 안 받는다.

파리에서 털리고 파리에서 무료로 수리받고. 정신이 하나도 없다.

△ 차량 유리창이 부서진 모습

△ 임시방면으로 테이핑한 상태

제 명에 못 살겠다고 하면서도 갈 길은 계속 간다. 우리 차만 대열에서 떨어졌다. 오늘은 뚜루에서 묵고 내일은 본진이 있는 보르도를 향해 힘껏 달려보기로 한다.

갑자기 이번 여행을 위해 딸아이가 사 준 점퍼와 신발, 바지, 판초가 캐리어에 있었던 게 생각났다. 아깝지는 않으나 마음이 아팠다.

그런데 2030 부산월드엑스포 현수막은 왜 가져간 거지? 이 와중에 도 뚜루에 사는 김영숙 님 사돈집에 인사차 잠깐 들러 부산월드엑스포 파이팅을 외친다. 정말 못 말린다. 너무 파란만장한 하루였다.

#사라질 뻔한 세계적인 예술 도시 파리

파리는 19세기 말에서 제1차 세계대전 전까지 여러 차례 엑스포를 유치했는데 1889 파리 엑스포 때는 에펠탑이 세워졌고, 1900 파리 엑스포 때는 파리 지하철이 개통되었다.

세계적인 예술 도시로 명성을 날렸던 파리는 2차 세계대전이 발발하면서 개전 1개월 만에 독일군에 점령되고 만다. 파리가 함락되기 직전 히틀러는 파리에 주둔한 독일군 사령관 콜티츠 대장에게 파리를 파괴하라는 명령을 내리고 9번이나 파리가 불타고 있냐고 전화로 확인했다고 한다. 그러나 콜티츠는 히틀러 명령을 거부하고 항복을 택했다. 전쟁이 끝나고 전범 재판을 받을 때 파리를 불바다로 만들지 않은 공을 인정받아 가석방되었고 감사장과 명예 시민증까지 받았다고 하니 하마터면 세계문화유산이 한순간에 사라질 뻔한 사건이었다.

프랑스 마르세유

프랑스 아르에서부터 마르세유를 돌아 아비뇽까지 약 250km 4시간 정도 이동.

바깥 온도는 38도지만 지열로 인한 체감온도는 40도를 훌쩍 넘는다.

반고흐의 새로운 재기를 위해 고갱의 제안으로 와서 생활했던 도시 아르. 고흐의 도시답다. 고즈넉한 시골 마을이지만 예술적인 기운이 감돈다. 예술가들이 많이 찾았을 것 같다.

루이 14세와 마리 앙투아네트의 도시 마르세유. 항구 도시답게 정박해 있는 요트가 중세 성당과 궁전과 어우러져 묘한 느낌을 준다. 마르세유를 지나 아비뇽으로 간다.

교황의 영지로 사용된 약 2천 년 전에 만들어진 도시다. 화려하진 않지만 고풍스러운 역사를 고스란히 유지하고 있었다. 중간에 끊어진 아비뇽 다리와 성곽, 몇백 년은 되었음 직한 아름드리나무와 좁은 골목길.

투구를 쓴 중세 기사가 말 타고 지나간 길을 지금 우리가 자동차로 지나가고 있다. 신기하다.

통곡의 벽에서, '광야에서'를 부르다

홀로코스트의 흔적들

독일 국경을 넘어 통일의 상징인 베를린에 도착했다. 브란덴부르크 개선문 광장의 수많은 인파와 베를린 장벽에 적힌 평화 메시지가 시선을 끈다. 홀로코스트의 추모비를 찾는 젊은이들이 많았다. 진지하게 추모하는 젊은이들 모습에서 엄숙함이 느껴졌다.

#독일 베를린

독일은 근 7세기에 걸친 유럽의 전쟁사 속에서 그 역사가 150년이 채 안 됐음에도 불구하고 8천만 명의 인구와 세계 4위의 경제 대국이 되었다. 2차 세계대전의 잿더미를 딛고 일어나 'Made in Germany' 상표를 붙인 상품들은 일류의 상징이 되어 라인강을 따라 전 세계로 보내졌다.

독일의 수도이며 유럽 연합의 최대 도시이기도 한 베를린은 한때 냉전의 상징에서 베를린 장벽이 해체되면서 통일의 상징이 되었다. 그래서인지 독일 사람들이 지구상의 마지막 분단국가인 우리나라 사람들을 대하는 자세도 다른 유럽 사람들과는 사뭇 다르다.

과거 광기 어린 유대인 학살의 흔적인 홀로코스트에 대한 국가 차원의 보상과 사과하는 모습에서 선량한 국가로의 전환을 위한 노력이 느껴진다.

베를린 광장에서 '평화의 연'을 날리다

베를린 장벽에서 준비해 간 2030 부산월드엑스포 유치 기원 연날리기 퍼포먼스를 했다. 베를린 하늘 위에 우리 연이 흔들흔들하며 줄줄이 올라갔다. 바람을 타고 날았다가 내려오기를 반복하는 동안 연은 사람들의 카메라에 담겼다.

함께 간 안빈락 님의 기타 연주와 허순애 님의 오카리나 연주에 맞춰서 다 같이 '광야에서'를 불렀다. 지나가던 많은 사람들이 신기한지 멈춰서서 사진을 찍고 우리가 부른 '광야에서'에 맞춰 박수도 쳤다. 베를린 장벽에서 부른 '광야에서'는 그냥 광야가 아니었다. 감동 그 자체였다.

지구상의 마지막 분단국가인 대한민국 민간인들이 자동차를 타고 독일의 베를린까지 와서 통일을 기원한 것이다. 연을 날리고 노래를

△ 베를린 통곡의 벽에서 평화의 연을 날리며

부르고, 오늘 우리의 염원이 나비효과가 되어 널리 널리 퍼지기를 기원하면서 말이다.

> 뜨거운 남도에서 광활한 만주벌판 /
> 다시 서는 저 들판에서 / 움켜쥔 뜨거운 흙이여
>
> -「광야에서」

열심히 운전하고 열심히 홍보한 하루였다. 소용돌이치는 회오리 속에서 빠져나와 한적한 숙소에 도착했다. 오늘 밤은 일단 휴식을 취하자.

독일 뉘른베르크

베를린에서 뉘른베르크로 약 260km 3시간여 이동. 중세 독일의 역사를 잘 담고 있는 도시 뉘른베르크. 도시 한가운데의 대성당과 몇백 년 된 건물들 사이에 전범재판소와 나치와 전쟁의 흔적이 있었다. 현대와 중세의 조화가 도시의 역사를 잘 보여주고 있었다.

그 와중에 40여 일 같은 옷을 입고 다녔던 터라 변화를 주기에 스카프만 한 게 없겠다 싶어 주황색 스카프 하나를 구입했다. 그리고 맥주의 나라에 왔으니 일단 맥주 한잔하고 남은 날들 재밌게 보낼 궁리를 한다.

#금강산도 식후경

유럽에서 만난 아세안 한인 마트

유럽에서 처음 아세안 한인 마트에 갔다. 함께 간 일행들은 라면이며 고추장이며 카트에 잔뜩 실으면서 너무 좋아했다. 하지만 나는 현지 음식에 대한 거부감이 없었기 때문에 익숙한 우리 재료들에 손이 가지는 않았다. 어떤 물건을 파는지 가격 비교만 하는 정도였다.

식재료가 우리나라보다 약 2배 정도 비쌌는데 제일 인기 있는 건 역시 라면이었다. 그중에서도 신라면은 개당 3천 원 정도였다. 빨간 종갓집 포기김치를 보는 순간 맛은 봐야겠다 싶어서 1kg 1봉지만 약 8천 원 정도 주고 구입했다.

간만에 주어진 한가로운 오후 시간. 독일 떠나기 전 오일도 교환하고 자동차도 점검할 겸 벤츠 쾰른 서비스센터에 들렀다. 9월까지 예약이 꽉 찼단다. 다음 날 다른 지역으로 떠나는 여행자라고 해도 고개만 절레절레 흔든다. 우리나라였다면 해 주었을텐데.

드디어 대륙의 서쪽 끝에 도착!

포르투에서 약 280km 3시간 반 정도를 달려 리스본의 호카곶(Caboda Roca)에 도착했다.

대륙의 서쪽 끝에 도착했다. 1차 목적지에 도달한 셈이다. 6월 5일 유라시아 대륙의 동쪽 끝인 부산에서 출발하여 18,000km를 35일 동안 쉬지 않고 달려 드디어 도착한 유라시아 대륙의 서쪽 끝인 이곳 Ca bo da Roka.

아, 정말 감개무량했다. 일행들을 모아놓고 뭐라고 한 참 말한 것 같은데 흥분해서 기억이 잘 안 났다. 돌아와서 폰 영상을 보니 그때 감흥이 다시 느껴진다.

"우리가 부산을 출발해서 오늘 이곳에 도착하기까지 정확히 오십삼일이 걸렸지만 저희는 삼 년 동안 달려왔습니다. 삼 년 반 동안 거의 하루도 쉬지 않고 포르투갈 호카에 갈 거라고 선언을 하고 준비를 했는데 그날이 바로 오늘입니다. 그래서 굉장히 감개무량합니다."

TRANS

▷ 포르투갈 호카곶 (Caboda Roca) 인증석

포르투갈 리스보아

리스본에 있는 벨렝탑만 살짝 둘러보고 병원 진료를 받으러 이동했다. 부산팀 2명이 컨디션 난조를 보여서 바르셀로나에서 출국하기 전에 점검차 들렀다. 여행지에서 아픈 것만큼 서러운 게 없었을 텐데 별 이상 없다니 다행이다.

병원 접수하고 의사 진료 보고 의사 소견서와 병원 확인서 발급받고 처방전 받아 약국에 가서 약을 받았다. 번호표 순번 오려면 마냥 기다려야 될 것 같아서 오늘 출국하는데 비행기 시간 얼마 안 남았다고 뻥을 쳤다.

때론 이런 방법도 먹힌다. 여러 사람이 움직이다 보니 예기치 못한 일이 발생한다.

초고속으로 끝낸 덕분에 시간 여유는 생겼지만 때를 놓쳐 종일 빈속이다. 숙소에 들어오니 저녁을 같이 못 했다고 도시락과 계란을 따로 챙겨준 손길이 있었다. 여행 중에는 이런 사소한 것도 크게 와 닿는다. 그 마음이 고마웠다.

#대항해 시대의 정점 리스본

대서양 연안의 대표 항구 도시인 리스본은 16세기 대항해 시대에 정점을 찍었다. 500년이 흘렀지만 대항해 시대의 건축물은 곳곳에 남아 당시의 위세를 보여주고 있으니 정주문화의 흔적을 남기지 않은 오래전 훈족의 영광과 대비되는 모습이다.

이 시기 포르투갈은 자원이 매우 풍부해서 인도와 브라질을 항해하면서 향신료와 금, 계피를 가져왔는데 당시 매우 희귀했던 품목이라 웅장한 건축물을 세울 만큼의 큰 부를 가져다주었다.

그 당시 건축물에는 기둥과 천장을 떠받치고 있는 야자수나 밧줄 문양 같은 항해 중에 예술가들이 봤던 경험들이 조각되어 있는데 이는 왕이 조각으로 남기라고 지시했기 때문이라고 한다. 거대한 탐험 일지인 셈인데 역사를 후대에 남기는 방법 중에 가장 정직한 것이 예술 작품이라는 말이 떠오르는 대목이다.

발견의 시대를 열어준 탐험가를 기리는 벨렝탑 기념비 앞 광장에는 탐험가들의 항로가 새겨진 지도를 한눈에 볼 수 있다. 500년 전 세계 전역에 식민지를 가졌던 해상왕국 포르투갈만이 그릴 수 있는 지도가 아닐까 싶다.

포르투 홍합보다 송도 홍합이 더 맛있더라

스페인 레온에서 포르투갈 포르투까지 약 400km 7시간여를 이동했다. 지구의 동쪽 끝인 대한민국 부산에서 출발하여 지구의 서쪽 끝인 포르투갈 리스본까지. 참 숨 가쁘게 멀리도 달려왔구나.

드디어 지구의 서쪽 끝 포르투갈 리스본에 도착했다. 내일이면 유라시아 대륙의 서쪽 끝 호카곶(Cabo da Roca)에 도착한다. 오늘은 리스본에 있는 포르투를 마음껏 즐길 예정이다.

△ 포르투 루이스 다리에서 바라본 도시 전경

파리의 에펠탑을 설계했던 구스타브 에펠이 설계한 포르투의 루이스 다리. 유전자 세포를 연상시키는 철탑 계단과 정교한 철 구조를 연상시키는 것이 파리의 에펠과 닮아 있었다. 늦은 밤임을 잊게 하는 휴양지 특유의 리듬과 야경.

포르투 맛집이라고 소개해 줘서 찾아간 집. 주인장이 이 집의 시그니처라고 추천하는데 보니, 우리식으로 홍합 수프와 해물 파스타였다. 유명하다니까 먹긴 했지만 가격에 비해 맛도 그닥. 홍합도 몇 개 안 들어간 수프를 아주 맛있다는 표정을 지으며 든 생각은 '송도 홍합 수프가 훨씬 맛있구만.' 역시 마케팅이야!

반환점을 돌아 부산을 향하여

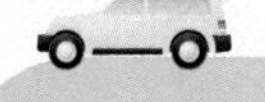

이동 경로 및 숙소 정보

포르투갈 포르투 → 호카곶→ 리스본 → 스페인 톨레도→ 스페인 마드리드 → 사라고사 → 바르셀로나 → 프랑스 까르까송 → 프랑스 아비뇽 → 아를 → 마르세유 → 생폴드방스 → 모나코 → 이탈리아 제노바 → 밀라노 → 라스페치아 → 피렌체 → 포지본 → 피렌체 → 이탈리아 로마 → 폼페이 → 소렌토 → 로마 → 오르비에또→ 볼로냐 → 시르미오네 → 베니스 → 트리에스테→ 슬로베니아 피란(4,824㎞)

국가/도시(지역)	숙소명	주소
리스본	S&S Hostel	Av. António Augusto de Aguiar 90, 1050-010 Lisboa, 포르투갈
스페인 마드리드	VERTICE roomspace	Calle Laguna Dalga, 4 28021 Madrid Spain
사라고사	유로스타 레이페르난도	Bari 27, (Plataforma Logística de Zaragoza), 50197 Zaragoza, Spain
바르셀로나	Bee drean Hostel	Av. d'Alfons XIII, 28B, 08912 Badalona, Barcelona, Spain
프랑스 아비뇽	PREMIERE CLASSE HOTELS	Zac De La Castelette 40 Rue Jacques Demy, Avignon, France
마르세유	PREMIERE CLASSE HOTELS	117 Traverse De La Montre - Centre Commercial Grand V, 13011 Marseille, France
포지본	알치데 호텔	Viale Marconi 67A, 53036 Poggibonsi, Italy
로마	Occidental Aran Park Hotel	Via Riccardo Forster, 24, 00143 Rome, Italy
볼로냐	호텔 코스모폴리탄 볼로냐	Via Del Commercio Associato 9, 40127 볼로냐, 이탈리아

여행은 사람들의 친절함에서

프랑스 뚜루에서 스페인 빌바오로 약 700km 8시간여 이동했다. 출발 전 친절한 호텔직원 Vincent와 Nina의 도움으로 파손된 자동차 유리창을 임시방편으로 수리할 수리센터를 방문했다. 한 40여 분 작업도 해 주고 유리창도 깨끗이 닦아주었다. 자동차 실내 청소도 해 주고 비상용 테이프도 주었다. 이 모든 걸 무료로 해 준 친절함에 거듭 감사를 표했다.

프랑스 파리에서의 파란만장한 경험들을 뒤로 한 채 스페인 국경을 넘어 드디어 구겐하임의 도시 빌바오에 도착했다. 3일 만에 만난 대원들이 다들 꼬옥 안아주며 반갑게 맞아주었다.

인생의 또 한 장면이 넘어가는 순간이다. 단단하고 담대하고 깊어지는 중이다.

스페인 빌바오에서 브루고스를 거쳐 레온으로 약 250km 3시간여 이동했다. 넘어가는 길이 러시아나 유럽과는 또 다른 색깔의 길이다. 가장 아름다운 산타마리아 대성당이 있는 도시 브루고스에서 우리

돈 2만 원으로 성찬에 가까운 정식을 먹었다. 그것도 중세시대 성을 다스린 종주들의 모습이 연상되는 11세기 성안에서 말이다.

중세 시대에서 성문 하나를 지나니 플라타너스가 아름다운 21세기가 나타난다. 타임머신을 타고 온 듯한 느낌이다. 유럽 여행은 광장과 대성당 순례라고 해도 과언이 아니다.

이 나라 사람들의 슬로건인 '돈이 들더라도, 시간이 걸리더라도 우리는 지킨다.'는 말이 사실임을 방금 도착한 스페인의 레온 대성당을 보면서 또 느낀다.

스페인 톨레도

포르투갈 리스보아(Lisboa)에서 다시 국경을 넘어 스페인 톨레도로 약 580km 7시간여 이동.

다시 스페인으로 넘어왔다. 유네스코 문화유산으로 지정된 11세기 중세도시 톨레도.

어제 포르투갈 리스보아에서 반환점을 찍고 난 후 한결 마음이 가벼워졌다.

스페인 톨레도 대성당. 16세기 대항해 시대 세계를 제패했던 나라

△ 톨레도 대성당 전경

답게 규모나 정교함이 지금까지 봤던 대성당과는 다른 깊이감을 준다. 천지창조와 십이지신상이 섞인 듯한 상이 오리엔탈리즘을 떠올리게 한다. 40도를 넘나드는 무더운 날씨 탓에 체력은 바닥을 치고 있다. 이곳에서 유명한 아기 돼지고기로 체력 보충하는 것도 좋지만 빨리 숙소에 가서 씻고 눕고 싶은 생각밖에 없다.

▷ 톨레도 대성당 안에 있는 등

스페인 사라고사

스페인 톨레도에서 사라고사로 약 300km 4시간여 이동. 가는 길에 프라도미술관에 잠깐 들렀다. 스페인 절대 왕정 시절에 모았던 그림들이 전시되어 있었다. 벨러스코스의 시녀들과 고야, 피카소의 그림들 등 오르세 미술관에 비견될 만큼 규모가 엄청났다. 사진 촬영이 허용되지 않아서 대단한 그림들을 눈으로 찍고 기억에 저장할 수밖에 없는 것이 아쉬웠다.

아라곤 왕 때 바로크 건축양식으로 지어진 사라고사 대성당. 길쭉길쭉하게 지어진 고딕양식과는 달리 옆으로 퍼져 있는 바로크 양식의 특징은 스테인드글라스가 없는 거라고 한다. 좀 더 찬찬히 둘러보고 싶었는데 일정상 이동해야 되는 게 아쉬웠다.

내일 바르셀로나에서 귀국하는 일부 부산팀을 위한 저녁 식사 자리를 마련했다. 데이터 정리차 참석 못한 김 감독 저녁도 챙겨줄 겸 뒤풀이 겸해서 맥주 잔뜩 사 들고 숙소로 먼저 출발했다. 6명이 한 차에 구겨 타고 스페인 밤 도로를 달리면서 소리친다. 여기 스페인이야! 영화의 한 장면처럼 함께 소리치고 환호한 날이었다.

△ 스페인 사라고사 전경

김 감독 항공기 사건

스페인 사라고사에서 바르셀로나까지 약 200km 3시간여 이동.

이번 여정의 영상 촬영 감독인 김 감독과 동명대 학생 2명 포함한 부산팀 3명이 오늘 바르셀로나에서 출국한다. 코로나 검사도 해야 해서 미리 출발 5시간 전에 공항에 데려다주고 게이트 들어가는 거 보고 가려고 잠깐 더 있었다.

김 감독이 잘할 수 있다고 학생들을 데리고 갔다. 출국 수속을 밟는가 싶더니 급히 내 쪽으로 왔다. PCR 검사 도출 전이라고 출국이 안 된다고 했단다. 알고 보니 검사관이 영어로 물어보는 말을 잘못 알아듣고 11시간 후 검사 결과 나오는 걸로 오케이를 한 거였다. 알아서 잘한다고 그렇게 큰소리치더니 사고뭉치가 따로 없다. 예약한 항공권을 날리고 다시 항공권을 구해야 한단다. 항공권이 있을지 모르겠다.

알아서 잘 가겠거니 하고 먼저 다음 목적지로 출발했으면 어쩔뻔했을까 생각하면 아찔하다. 우리는 국경 넘어가고 이 세 사람은 비행기 놓치고. 급히 공항 근처 숙소 잡고 밤새도록 수소문한 결과 가까스로 아침 일찍 출발하는 항공권을 구했다. 이번엔 절대 놓치면 안된다고 헐레벌떡 뛰어갔고 게이트 통과하는 것까지 두 눈으로 확인한 다음에야 다음 목적지로 향했다.

세상에 이런 일이 다 있구나. 부산에 안전하게 도착했다는 연락이 오기 전까지 내가 진짜. 10년은 늙겠다.

르네상스의 중심지 이탈리아

르네상스 3대 거장인 레오나르도 다빈치가 시작해서 라파엘로가 완성한 인본주의 중심의 스포르체스코성. 스포르체스코 가문에 대해 다빈치가 감사의 표현으로 만든 성벽이다. 습기를 조절과 높이 쌓을 수 있도록 성벽 중간중간에 구멍을 뚫었다고 한다.

밀라노 대성당에 왔다. 2,240명의 성인들을 조각했는데 맨 꼭대기에 황금색 성모마리아를 세웠다. 밑에서 올려다볼 수 있게 몸보다 얼굴을 크게 구성해서 밑에서 보면 비율이 맞다고 한다. 이건 미켈란젤로가 만들었다고 한다.

미술 역사책에 등장하는 미켈란젤로와 라파엘로가 옆에 와 있는 느낌이다.

BTS의 나라 South Korea에서 왔다니까 환호성이다. 여기서도 BTS는 통했다. 부산월드엑스포 화이팅! 이라고 함께 외쳐준 Nikki de groot와 친구들 Thank you!!

△ 스페인 사라고사 대성당 앞

△ 엑스포 배지를 받고 좋아하는 여성들

이탈리아 피렌체

밀라노에서 메디치 가문의 도시 피렌체로 약 280km 4시간 이동.

피렌체 가는 길에 들른 친퀘테레. 40도가 넘는 습한 더운 날씨에도 관광객이 너무 많다.

△ 라스페지아역 표지판

△ 소매치기에게 틈을 주지 않기 위해 최대한 밀착

△ 주차 차량 바퀴를 자물쇠로 잠그고 연락처를 남긴 주차장 주인

현지 가이드가 백팩을 앞으로 메고 손가방은 손으로 꼭 잡으라고 알려준다. 소매치기가 들어올 틈이 없도록 바짝 붙으라고 했다. 자동차도 끌고 가니 단단히 고정하라고도 했다.

소매치기 조심하라고 가는 데마다 팻말이 붙어있다. 라스페지아역에서 기차 타고 가는 승객 70%가 소매치기라고 생각하라고 했다. 그만큼 소매치기가 기승이다. 한 번 차량털이를 당한 터라 완전히 긴장하고 있었는데 내 눈앞에서 젊은 여성 손이 관광객 주머니 속으로 스윽 들어가는 것을 보고 말았다. 허걱.

우리나라가 정말 살기 좋구나! 거의 밤 11시가 되어서야 숙소에 도착했다. 너무 피곤한 날이다. 그냥 푹 쉬고 싶다.

피렌체 야경은 건축물과 문화 공연이 어우러진 향연이었다. 광장에 울려 퍼지는 관현악단의 연주에서 품격이 느껴진다. 문득 '세계 각

△ 문화예술의 도시 피렌체 광장음악회

지에서 온 수많은 관광객들이 얼마나 많은 돈을 뿌리고 갈까'라는 생각이 들었다. 조상들의 문화 예술적 인식이 현재 이 나라 사람들을 먹여 살린다는 생각이 들었다.

이탈리아 로마

피렌체에서 로마 가는 길 약 240km 4시간여 이동 중간에 들른 몬테플차노 와이너리.

1600년대 지어진 세계 3대 와이너리 지역이다. 몬테는 산을 의미하니 어느 지역에 있는지 지명만으로도 가늠이 될 것 같다. 한때 요새로도 쓰였던 벙커를 세계적인 와이너리로 변신시킨 그 아이디어가 놀랍다.

같은 이탈리아인데도 어제 다녀온 친퀘테레와는 대조적으로 매우 조용하고 평화롭다. 거기다 비교적 안전하기까지 하다.

산 능선에 경계를 표시하는 사이프러스 나무가 늘어서 있는 것이 마치 안전한 요새로 들어가는 느낌을 준다. 그 옛날 전쟁의 역사 속에서 각기 살아남기 위한 유럽 민족들의 고군분투했던 흔적이 느껴진다. 중세 유적들을 보니 인간 만사 각기 다른 전쟁사의 연속인 듯

싶기도 하다.

‘폼페이 최후의 날’이 생각나는 로마 폼페이 가는 날이다. 와이파이 환경 좋은 호텔에 묵을 때 밀린 자료 정리하려고 오늘 하루는 호텔에 있기로 했다. 원정대 밴드에 들어가 보니 여러 사람의 수고로움이 보인다. 힘든 내색 없이 묵묵히 각자 맡은 역할을 수행하고 있었다.

와인샵 외부에 진열된 와인이 보통 5유로. 우리 돈으로 7천원 정도이다. 고급 와인이 18유로, 24유로 정도.

와이너리가 있는 마을 건축양식도 바로크 양식이다. 마을 전체가 영화의 한 장면이다.

가톨릭의 성지 바티칸 성당

가톨릭계 최고의 수장인 교황이 다스리는 나라이면서 가톨릭 성지인 바티칸 성당.

바닥부터 천장까지가 약 20미터인 벽면에 미켈란젤로의 천지창조 천장화가 그려져 있는 시스틴 카펠 성당. 천지창조 천장화를 미켈란젤로 혼자 작업했다는 게 도저히 믿기지 않는다.

잠깐 올려다보는 데도 뒤 목이 뻐근한데 저 어마어마한 그림을 어

△ 바티칸 성당

떻게 혼자 그렸다는 건지 상상조차 할 수가 없다. 재미있는 건 천지창조 옆 라오코네 군상이다. 최초로 신의 모습과 죽음과 고통을 묘사했다.

미켈란젤로 본인을 가죽만 남은 채 신의 손끝에 매달려 있는 영혼으로 묘사한 게 뇌리에 남는다. 죽은 예수를 안고 있는 마리아를 표현한 조각상인 피에타. 진품을 직접 보았다. 오늘 하루는 너무 많은 것을 봐서 뭘 봤는지 기억을 한참 더듬어 봐야 할 것 같다.

이탈리아 오르비에또

전 세계 700개 도시와 슬로시티 운동을 전개하고 있다는 오르비에또에 왔다.

오르비에또 대성당은 1600년대에 지어졌다. 베드로의 성체 성혈이 보관되어 있다.

성당 옆면에는 흑백의 대리석이 문양이 그려져 있다. 정면에 그려진 예수의 일생이 독특한 느낌을 준다.

△ 약 70여 일간 지나온 길

문득 드는 생각이. 도시에 대한 대략의 정보만으로는 이 좋은 기회를 제대로 활용하지 못하고 있는 것 같다는 생각이 다니는 내내 든다. 짧은 시간에 너무 많은 것을 본다. 머릿속은 정리 안 된 서랍 같다. 추가 자료를 찾아볼 시간도 없이 정신없이 휘둘려 가는 듯하다.

돌아가서 찬찬히 떠올릴 수 있을까. 감흥이 지금 같지 않을 텐데. 아쉬운 마음에 다니면서 읽을 요량으로 e-book 한 권을 주문했다. 그나마 위안이 된다.

중세 상인의 도시 베네치아

이탈리아 베로나에서 베네치아까지 약 280km 3시간여 이동.

셰익스피어의 4대 비극에 나온 도시 베로나에 왔다.

내가 좋아하는 2 cellos의 이탈리아 아레나 공연 장소에 왔다. 바로 여기구나.

여기서 공연했다고 생각하니 너무 신기했다. 지금은 최고의 음향 시설이 있어서 오페라 전문 공연장이지만 기원전 3세기에 만들어졌을 때만 해도 수중 경기와 투우 검투가 가능했던 곳이다. 영화 벤허에서 보았던 바로 검투사의 경기장이다.

△ 베네치아 산마르코 광장

△ 4~5명이 탈 수 있는 곤돌라

동유럽

이동 경로 및 숙소 정보

슬로베니아 피란 → 크로아티아 노비그라드 → 모토분→ 로빈 → 카르로바크 → 라스토케 → 에트노하우스 → 자그레브 → 슬로베니아 포스토이나 → 이드리야 → 오스트리아 비엔나 → 슬로바키아(브라티슬라바) → 헝가리 부다페스트 → 루마니아 티미쇼아라 → 시비우 → 부쿠레슈티 → 불가리아 소피아 → 튀르키예이스탄불 → 코카엘리 → 사판카(사판자) → 볼루 → 삼순 → 오르두 → 조지아 바투미 → 트빌리시 → 조지아 트빌리시 → 러시아 블라디카프카스 → 아스트라한 (6,010㎞)

국가/도시(지역)	숙소명	주소
크로아티아 노비그라드	노비그라드 PinestaYouth Hotel	Kastanija 19, 52466 노비그라드, 이스트리아, 크로아티아
카르로바크	카를로바크 FLORIAN & GODLER 호텔	카를로바츠(Karlovac)시 바니야 15번지 (Banija 15)
자그레브	자그레브 호텔	Astoria: Petrinjska ul. 71, 10000, Zagreb, Croatia
이드리야	호스텔 이드리야	Ulica IX. korpusa 17, 5280 Idrija, Slovenia
오스트리아 비엔나	a&o 빈 하우프트반호프	Sonnwendgasse 11, 10. Favoriten, 1100 Vienna, Austria
헝가리 부다페스트	MEININGER Budapest Great Market Hall	Csarnok Ter 2, 부다페스트, 헝가리, 1093
루마니아 티미쇼아라	Ibis Timisoara city center	Calea Circumvalatiunii 8 10A, Timisoara, Romania 300012
시비우	Horeum Hotel	Strada Principala no. 724, Sura Mare, Sibiu, 루마니아

국가/도시(지역)	숙소명	주소
부쿠레슈티	Hotel NOVA Residence	Bulevardul Metalurgiei, Nr. 57-59, Bl 1, Et. 3, Ap. 36, Sector 4, Bucharest, Romania.
불가리아 소피아	소피아 호텔 포럼	41 Tsar Boris III Blvd. Sofia 1612, Bulgaria
튀르키예 이스탄불	로다몬 이스탄불	Hüseyinağa Mahallesi, Büyük Bayram Sokak No:16, Beyoğlu, 34435 Istanbul, Turkey
볼루	볼루 KAYI APART HOTEL	Fatih Mahallesi Kaplıca Caddesi No:14, Bolu, Türkiye
오르두	오르두 Sonerbey Otel	Yeni Mahalle Zubeyde Hanim Caddesi No:71, Altinordu, Ordu, 52200, 터키
조지아 바투미	GREEN LINE BATUMI	바투미, Baghi Street 10a
트빌리시	트빌리시 어반 뷰티크 호텔	Gogebashvili street 9, 0108 Tbilisi, Georgia

옥빛 호수의 나라, 크로아티아

베네치아에서 슬로베니아 트리에스테를 들러 크로아티아로 약 100km 2시간여 이동.

'꽃보다 누나'로 너무 잘 알려진 나라. 덕분에 나의 여행 버킷리스트 1위가 된 나라에 드디어 왔다.

절기는 어김없이 우리 곁에 오는가 보다. 어제 그제 그리 덥더니 오늘은 제법 선선한 바람이 기분 좋게 얼굴을 감싼다.

부산의 바다와는 또 다른 느낌의 트리에스테 해변.

△ 트리에스테 해변에서

나이나 몸매에 상관없이 스스럼없이 비키니 수영복 입고 바다 수영과 일광욕을 하는 사람들. 자유분방함과 자율성이 느껴진다.

발바닥이 아파서 슬리퍼 신고 걷다가 맨발로 걷기를 반복했다. 온종일 절뚝절뚝.

크로아티아 카를로바크

크로아티아 피란에서 모토분을 거쳐 카를로바크까지 약 180km 3시간여 이동.

오랜만에 피란 해변가에서 새벽 산책을 했다. 고즈넉한 해변가와 솔밭이 조화로웠다. 조용히 걷고 생각 정리하기에 더없이 좋았다.

그래서인가. 간간이 카를로바크(Karlovac Zvijezda) 바닷가 바위에 앉아 명상하는 사람들이 보인다. 지금까지 유럽의 다른 나라에서는 볼 수 없는 광경이다.

산꼭대기에 있는 망루 같은 성안 카페에서 커피 한 잔을 마셨다. 조용히 주변을 둘러보았다. 세상살이가 뭐 별거 있나 싶은 생각이 들었다.

부모와 함께 온 건장한 청년이 우리에게 관심을 보였다. 근육질에 검게 그을린 모습이 영락없는 청년이었다. 그런데 소녀란다. 원정대에 대해 설명해 주고 사진 한 컷 찍었다. 설명 듣는 내내 매우 진지하다. 사회의 큰 동량으로 성장할 것 같다.

서서히 돌아갈 때가 된 것 같다. 가을 초입에 유난히 파란 크로아티아의 하늘이 부산을 떠올리게 한다.

△ 크로아티아 피란 숙소 앞 아침 산책

△ 크로아티아 카를로바크 골목 풍경

△ 한 폭의 그림 같은 카를로바크 마을

크로아티아 플리트비체

나의 여행지 1순위였던 크로아티아.

크로아티아 최고의 플리트비체 국립공원. 마치 영화 세트장처럼 섬 전체가 너무나도 아름다웠다. 물감을 풀어놓은 듯한 청록색 담수 호수의 환상적인 물색의 원인은 다름 아닌 석회란다.

태초의 신비를 그대로 간직하고 있었다. 나의 여행지 1위 크로아티아 역시 기대를 저버리지 않았다.

여기도 관광객은 넘쳐나고 있었고 그 틈에 외쳤다. 부산월드엑스포 파이팅!

크로아티아 음식점 어디서나 후식으로 나오는 애플파이의 맛이 정직하다.

크로아티아 시내를 둘러보았다. 유럽 도시들이 그렇듯 시내 중심에는 대성당과 광장이 있었다. 사람 눈이 참 간사하다. 여러 유럽 도시에서 봤다고 감흥도 그렇고 그새 규모나 기법을 비교한다.

크로아티아의 대성당은 지붕이 도자기 타일로 덮여 있었다. 교황이 방문한 해가 성당 정면에 새겨져 있었다. 마침 최대의 국가기념일인 독립 기념 미사가 열리는 날이다. 많은 사람들이 미사에 참여하기 위해 초를 한 줌씩 들고 줄을 서 있었다. 촛불 행렬이 끝이 없었다.

문득 신의 존재가 우리의 민속신앙보다 더 생활 속 깊이 들어와 있지 않나 싶었다.

종교개혁이 일어날 수밖에 없었겠다. 니체의 '신은 죽었다'가 떠올랐다.

△ 크로아티아 자그렙 대성당

△ 독립기념 미사에 참여하기 위해 초를 들고 줄 서 있는 사람들

△ 크로아티아 플리트비체 국립공원

#크로아티아

유럽 발칸 반도 서부에 있는 '아드리아해의 보석' 크로아티아.

발칸 반도 중서부에 있으며 옛 유고슬라비아 연방을 이루던 공화국이었으나 1991년 독립을 선언했다.

두브로브니크는 도시 전체가 유네스코 세계문화유산으로 선정됐을 정도로 문화적 가치가 크다. 구시가지에는 대리석과 석재로 지어진 성당과 주택이 가득하고 오노프리오 분수는 지금도 천연 샘물이 나온다. 지중해성 기후로 겨울이 따뜻하고 낭만적인 분위기로 유럽인들 사이에서도 최고의 휴양지로 손꼽힌다.

우리에게는 꽃보다 누나로 유명해진 나라.

동유럽의 보석

슬로베니아 블레드호수

블레드호수. 이곳 호수들은 석회 때문인지 물감을 풀어 놓은 듯 파랗고 청록에 가까운 색을 띤다. 너무 아름답다. 반지의 제왕에 나오는 마법사의 마을 같다.

호수를 둘러싸고 있는 초원. 성 위에서 패러글라이딩하는 젊은이들. 나이를 불문하고 비키니 차림의 자유분방한 복장의 사람들. 패들 보트를 타고 자연 속에서 자유와 여유를 만끽하고 있었다.

유럽의 화려한 도시보다도 조용한 자연환경 속에서 훨씬 힐링 되는 것을 느낀다.

슬로베니아 류블라냐

크로아티아에서 슬로베니아로 국경을 넘어 약 200km

3시간여를 이동했다.

유럽에서 가장 아름다운 석회 동굴 포스토이나 동굴에 왔다.

총길이는 24km이고 개방 동굴은 5.2km이다. 슬로베니아의 대표적인 관광지이다.

동굴 마스코트인 100년에 1cm씩 자란다는 작은 도마뱀처럼 생긴 생물이 있다고 했다. 햇빛을 못 봐서 그런지 도마뱀이라는데 껍질 벗겨놓은 흰색 장어처럼 보인다. 마스코트라고 줄 서서 기다리는 사람들 틈에 운 좋게도 우리에게 모습을 비추었다. 이 작은 도마뱀이 100살이란 말인가.

석회 동굴이 이렇게 신비로울 수도 있다는 걸 오늘 알았다. 오묘한 대자연의 신비의 힘을 느낀다. 이젠 날씨가 제법 선선해져서 다닐만하다. 차량 도난당했을 때는 덤덤했는데 시간이 지날수록 도난당한 큰 캐리어 안에 있던 옷이며 물건들이 새록새록 생각난다.

슬로베니아 사람들이 즐겨 먹는다는 수프가 아주 익숙한 맛이다. 쇠고기 국물에 곡물처럼 씹히는 건더기가 우리가 평소 먹던 맛과 아주 비슷하다.

슬로베니아의 음식과 바람결이 한국을 생각나게 한다.

△ 포스토이나 동굴 입구

△ 숙소에서 만난 BMW 유럽횡단팀과 함께

오스트리아 비엔나

슬로베니아에서 오스트리아 비엔나로 약 450km 6시간여 이동.

마리 앙투아네트가 공주였을 때 살았던 쉔브룬 궁전에 왔다. 아름다운 샘물이라는 의미를 가지고 있다. 유럽의 왕궁치고는 비교적 소박한 느낌이다. 궁정화가인 렘브란트의 천장화와 왕족들 초상화가 그 시대상을 보여주고 있었다.

궁전에서 가장 화려한 공간이라는 마리 앙투아네트의 방은 생각보다 좁았다. 화려하다는 느낌도 들지 않았다. 소박하고 실용적인 느낌이었다. 왕궁 내부는 사진 촬영이 금지되어 있었다. 아쉽지만 눈으로 찍고 기억으로 담을 수밖에 없었다.

다른 유럽 국가들의 건축 소재인 대리석이 아닌 목재를 사용했다는 점이 특이했다. 16cm 나무를 통으로 바닥에 박아 넣은 게 특징이다. 얼마나 많은 사람들이 지나갔는지 표면이 기름칠한 것처럼 반들반들하다.

오스트리아 비엔나 거리를 천천히 둘러보았다. 발바닥 통증이 점점 심해졌다.

근처 카페에서 지나가는 사람들을 구경했다. 참 다양한 외모를 가진 사람들. 에스프레소 더블샷 한 잔을 마셨다. 에스프레소가 이제는 너무 당연한 게 되었다.

저녁에는 비엔나에서 유일하게 와인 제조가 가능한 그린찡 마을을 방문했다. 바흐헹겔에서 호이리게를 한 잔 마셨다. 피로가 풀리고 기분이 좋아졌다.

아코디언 연주에 맞춰 춤도 추고 노래도 불렀다. 다 같이 웃고 떠들었다. 알코올 매직이 발휘되는 순간이다.

△ 마리 앙투아네트가 살았던 쉔브룬 궁전

△ 16cm 나무를 통으로 박아 넣은 바닥

동서양 문명의 교차점

스페인 바르셀로나에서 프랑스 까르까숑을 거쳐 아비뇽까지 약 600km 7시간여 이동.

밤새 항공권 알아본다고 한숨도 못 잤다. 아침에 운 좋게 항공권을 확보했다. 수속 1시간 전에는 도착해야 한다고 해서 정신없이 데려다주었다. 이번에 반드시 제대로 하라고 몇 번을 확인하고 들여보냈다.

검색대 통과하는 거 확인하고 다음 목적지로 향했다. 겪지 않아도 될 일을 참 골고루 다 겪는다. 어제와 오늘 이틀이 정신을 쏙 빼고 지나갔다.

튀르키예 이스탄불

스페인에서 프랑스로 국경을 넘었다. 그런데 가다 보니 에스파냐 표지판이 다시 나온다. 어찌 된 영문인지 다시 프랑스로 넘어갔다.

오늘 1시간여 동안 스페인에서 프랑스. 프랑스에서 스페인, 다시 스페인에서 프랑스로 2번이나 국경을 넘은 거였다. 우리 상식으로는 이해할 수 없는 일이다. 국경을 이리 쉽게 넘나들다니.

불가리아의 소피아에서 튀르키예 이스탄불까지 약 550km 6시간여 이동.

지구상에서 유일하게 유럽과 아시아 두 대륙에 걸쳐 있는 도시가 이스탄불이다.

동양과 서양이 만나는 곳이다. 기독교와 이슬람교가 오랜 세월 뒤엉키며 그들만의 문화를 꽃피워 낸 곳이기도 하다.

오늘 몽환적인 느낌을 안고 튀르키예 벌판을 달렸다. 잠깐 휴게소에 들러 애마 세차할 때 BTS 팬인 튀르키예 아이들이 우리를 보고 다가왔다. BTS가 부산월드엑스포 홍보대사인 걸 알고 있었다. 우리 차에 붙은 엑스포 스티커를 보더니 너무 반가워 한다.

튀르키예 볼루에서 약 500km 6시간여 학산에서 오르두로 넘어간다.

2022년 8월 29일 오전 3:33 편집

20220828_213308.mp4
/내장 저장공간/DCIM/원정대 동영상

동영상 정보

65.72MB 1920x1080 FHD
0:31 H.264 AAC 30fps

Lale Sk. No:1, 14020 Karacasu/Bolu Merkez/Bolu, 튀르키예

#튀르키예 이스탄불

튀르키예는 지구촌에서 유일하게 유럽과 아시아에 걸쳐 있으면서 동양과 서양이 만나는 지점이다. 지리적으로 아시아와 유럽의 접경에 있기 때문에 고대부터 많은 문명이 이루어졌다.

메소포타미아 문명을 이루었던 티그리스-유프라테스강이 튀르키예에서 시작되었고, 전설의 트로이도 있고, 노아의 방주가 걸렸다는 아라라트산도 있다.

보아칼레즈의 히타이트 왕국, 동부 아나톨리아의 우라르투 왕국, 앙카라 서쪽의 프리기아 왕국을 거쳐, 에게해 연안의 이오니아 도시국가들이 번성했고 그리스와 트로이의 헬레니즘 시대를 지나 로마

▽ 이스탄불 블루 모스크

제국 시대, 비잔틴 제국 시대, 셀주크 튀르크와 오스만 튀르크 시대로 이어졌다. 하지만 점차 쇠퇴하면서 오스만 제국을 건설한 튀르크족이 터키 공화국을 설립하면서 현대에 이르게 되었다.

헝가리 부다페스트

비엔나에서 슬로바키아를 거쳐 부다페스트까지 약 350km 4시간여 이동.

아침은 오스트리아 비엔나에서 먹고 오후에 슬로바키아에서 커피를 마셨다. 저녁은 헝가리 부다페스트에서 먹었다. 글로벌하게도 오늘 일어난 일들이다.

농담 삼아 하던 이야기들이 유럽에서는 가능한 일이다. 누구한테는 절대로 넘어선 안 되는 국경이 누구한테는 이웃 동네 가듯 쉬운 나라에 와 있다. 참 아이러니하다는 생각이 든다.

오늘 가이드가 유럽 대륙을 얼굴로 비유한 것이 꽤 설득력이 있어 보인다. 콧등이 우랄산맥이고 코 밑 인중이 카르파티야 분지, 그리고 귀 쪽이 헝가리쯤이라고. 훈족의 후예이면서 알타이어족 국가에 와서 그런지 왠지 친근감이 느껴진다.

종일 비가 내린다. 아침에 발바닥 통증 완화를 위해 한방침을 맞았다.

오늘은 꼼짝없이 숙소에 있어야 할 것 같다.

비 내리는 도시를 바라보는 것도 나쁘지 않은 여행 일상이다. 멤버들이 도시 관광을 나간 동안에 숙소 앞에 있는 재래시장에 가 보았다. 맛있는 현지 과일 가격이 너무 저렴했다. 종류별로 사 들고 왔다.

숙소에서 고즈넉하게 음악 들으면서 과일 먹는 맛이란.

갑자기 밖에서 왁자지껄 소란하다. 도시는 축구 경기로 들떠있었다. 밤새 술 마시면서 응원하던 청년들이 우리 숙소 앞에서 자리 잡고 큰 소리로 노래 부르고 있었다.

우리나라 어느 청년들과 다를 바 없었다. 젊음이란 좋은 것이다.

△ 부다페스트 숙소 앞 청과물 시장

2 BUSAN
O WORLD
태그 추가
2022년 8월 21일 오후 6:42
편집
20220821_114202.mp4
/내장 저장공간/DCIM/원정대 동영상
동영상 정보
46.88MB 1920x1080 FHD
0:22 H.264 AAC 30fps
Nagy Vásárcsarn
8구
VIII. KERÜLET
헝가리안 자연
역사 박물관
Magyar
Természettudományi...
Google
Budapest, Közraktár u. 2a, 1093 헝가리

△ 부다페스트 시내에서 보이는 대성당

△ 헝가리 국기가 걸려 있는 부다페스트 거리

△ 거리에 있는 맨홀 뚜껑

#헝가리

흉노로 시작해서 훈족, 오스만제국, 헝가리에 이르기까지 헝가리 역사는 그야말로 다이나믹하다. 유럽 국가들이 그랬듯 헝가리도 세계 1, 2차 대전을 거치며 독일 나치의 압력과 소련의 공산화에서 자유롭지 못했다. 소련에 의해 헝가리 왕국이 붕괴하면서 헝가리 인민공화국으로 되었다가 1989년에 자유민주주의 국가가 되었다.

헝가리의 현재 국경은 1차 세계대전 이후 생긴 것으로 원래 영토의 대부분을 잃었다. 그 후 나치군과 연합하여 일부 영토권을 확보하기도 했으나 2차 세계대전 때 다시 잃었다. 바다는 없고 내륙국이며 국토의 중심은 도나우강에 의해 거의 양분되어 있다.

약 1,500개의 온천이 있을 정도로 헝가리는 온천수의 나라이다.

로마인들이 헝가리 온천 시대를 열었는데 터키 침략 시기에 부다페스트의 많은 온천이 목욕탕 건설에 사용되었으며 그중 일부는 현재도 운영되고 있다고 한다.

#우랄족의 후예

우랄족의 후예인 헝가리인이 대부분이며, 언어도 우랄어족의 언어인 헝가리어를 사용한다. DNA 분석에 의하면 몽골로이드 효소가 검출되어서 황색 인종이라는 설도 있으며 문화적으로는 아시아의 문화와 유럽의 문화가 뒤섞여 있기도 하다.

루마니아 타미쇼아라

헝가리 부다페스트에서 루마니아 타미쇼아라까지 약 350km 4시간 반가량 이동.

다른 EU 국가들과는 달리 루마니아로 넘어오는데 여권이랑 국제운전면허증 및 차량 등록증 검사하느라 약 30분 정도 소요되었다.

도로 상황이랑 주변 경관을 보니 러시아가 점점 가까워지는 게 느껴진다.

숙소에 도착하자마자 러시아 몽골 구간 대비하여 가스버너, 냄비, 휴대용 식기 및 비상식량 점검에 들어갔다. 다른 멤버들에 비해 더 준비할 게 있었다. 가을과 겨울옷이다. 비교적 물가가 저렴하다는 튀르키예에서 신발과 옷을 구입했다.

선선한 바람이 부니 갑자기 파리에서 잃어버린 물건들이 생각났다. 이제부터는 집에 갈 날짜만 세고 있다.

△ 부다페스트에서 루마니아 타미쇼아라 넘어가는 길

▷ 부큐레스티 러시아 정교회

루마니아 부큐레슈티

루마니아 시비우에서 수도 부큐레슈티까지 약 320km
4시간 반 이동.

'로마인 이야기'가 루마니아가 되었다고 한다. 그만큼 옛 로마 영광의 흔적이 많았다고 한다. 그런데 1차 세계대전 이후 싹 밀어버리고 그 자리에 인민 궁전 등이 들어섰다고 한다.

구시가지라 그런지 아니면 서유럽 등 화려한 자본주의 사회를 거쳐 와서 그런지 수도인데도 칙칙한 느낌이다.

동양 사람들이 떼를 지어 몰려다니니까 어디서 왔냐고 한다. 한국에서 왔다니까 깜짝 놀란다. 자동차 타고 부산서 여기까지 왔다니까 더 놀란다.

△ 부큐레스티 국회의사당

△ 루마니아 부큐레스티 대법원 앞

#루마니아

루마니아는 로마 제국의 후손이라는 의미이며 오스만 제국의 지배하에 있던 왈라키아 공국과 몰다비아 공국이 1861년 합병하면서 루마니아 공국이 되었다. 소련군에 의해 최후의 국왕인 미하이 1세가 폐위되면서 루마니아 인민공화국이 수립되었고 1990년에 민주화되었다.

#미녀가 많은 나라

유럽에서도 루마니아는 미녀가 많은 나라로 유명하다. 오랜 역사 동안 다치아인, 로마인, 슬라브족, 게르만족, 터키인, 집시 등과 섞이면서 여러 장점을 갖춘 미인이 탄생했다는 설이 있다. 특히 루마니아 여성들 사이에서 한국 드라마와 K-Pop이 엄청나게 인기라고 하는데 노래와 춤을 좋아하는 민족이라서 한국 문화와도 잘 통하는 게 아닌가 싶다. 그래서인지 한국어를 배우려는 루마니아 젊은이들이 계속 늘어나고 있다.

태그 추가
2022년 8월 24일 오후 7:24
편집
20220824_132447.jpg
/내장 저장공간/DCIM/Camera
Samsung SM-S906N
2.70MB 4000x1848 7MP
ISO 20 23mm 0.0ev F1.8 1/734 s
Google
DN7, Brezoi 245500 루마니아

불가리아 소피아

루마니아 부큐레슈티에서 불가리아의 수도 소피아까지 약 450km 5시간여 이동.

중앙아시아 스탄 국가들 들어가기 전에 자동차 엔진 오일 교환 및 점검도 해야 한다.

우리의 애마 지금까지 34,406km를 참 바쁘게 많이도 달렸다. 고맙다. 스탄 국가들과 몽골 러시아 구간도 안전하게 잘 부탁한다.

저녁으로 운 좋게 불가리아 전통 맛집을 발견했다. 가볍게 불가리아 식문화도 느껴본다. 요거트의 나라에 왔으니 수제 요거트 맛도 보았다.

불가리아는 우리나라와 비슷한 위도여서 그런지 마치 우리나라 어느 지방 도시에 온 듯한 느낌이 든다.

#불가리아

오랜 기간 터키의 지배를 받은 불가리아는 제1, 2차 발칸 전쟁 때 투르크에 대항해서 싸우면서 영토의 대부분을 잃었다. 게다가 제1차 세계대전에서도 패전국이었고 제2차 세계대전 때는 소련군의 침략으로 불가리아 공산당이 통치하는 인민공화국이 되었다.

1989년 불가리아 역시 동유럽에 몰아닥친 민주화의 물결에 휩싸이며 민주화가 되었다. 불가리아는 원래 북한 단독 수교국으로 북한과 우방관계를 유지해 오다 1990년에 우리나라와도 외교관계를 수립했다.

조지아 트빌리시

조지아 바투미에서 수도 트빌리시까지 약 300km 4시간 반 이동. 조지아에서 아제르바이잔을 거쳐 가려던 일정이 러시아로 변경됐다. 아르메니아와 아제르바이잔 전쟁 지역이라 러시아로 우회하기로 한 것이다. 러시아를 한 번 더 들어갔다 나와야 한다. 지금으로선 선택의 여지가 없다. 최선의 방법이다.

오늘 총괄 가이드 유럽 일정 마무리 환송 파티를 했다. 이번 원정대 일정 중 처음으로 와인 몇 잔을 마셨다. 취기가 올라온다. 기분이 좋아지는구나.

4세기 초 이베리아 왕국의 미리안 3세를 기독교로 개종시킨 성녀 '니노'가 있었다. 이곳에 올라와 포도나무를 잘라 자신의 머리카락으로 묶어 십자가를 만들어 세웠다. 그것을 기념하기 위하여 그 자리에 세운 것이 즈바리 수도원이다.

4세기에 만들어진 원형 그대로 보존되어 있었다. 즈바리 성당의 언덕에 서면 두 강줄기가 만나는 장엄한 광경을 볼 수 있다. 왕조는 망하고 사람들은 사라졌지만 강물은 여전히 흐르고 있었다. 멈춤 없이 흐르는 도도한 역사의 물결을 마주한다.

강 너머로 스베티츠호벨리 성당 (Svetitskhoveli Cathedral) 지붕이 초가을 한낮 무더위 속에서도 반짝이고 있다.

△ 스베티츠호벨리 성당

스베티츠호벨리 성당 앞 의자에 앉아 핸드폰 삼매경에 빠진 수사가 시간 가는 줄 모르고 있었다. 어깨 너머로 슬쩍 보니 게임을 하고 있다. 게임에 빠진 성직자라.

#조지아 공화국

동유럽의 알프스로도 불리는 조지아는 아시아에 있는 국가로 소련을 구성했던 공화국 중 하나이다. 중세에 강력한 조지아 왕국을 건설했으나 오랫동안 터키와 페르시아의 지배를 받았다. 1차 세계대전 때 소련에 포함되었다가 소련이 붕괴된 1991년에 정치적 독립을 이루었다. 인구수는 370만 정도이니 부산이랑 엇비슷하다. 정서도 경상도랑 비슷하다고 한다.

1991년 조지아가 소련으로부터 분리독립을 하지만 조지아 내부의 친러주의자들과 조지아 정부의 친서방정책으로 조지아 내부는 친러와 친서방으로 나뉘었다. 러시아의 공격으로 조지아는 막대한 피해를 입었다.

중앙아시아

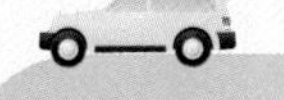

이동 경로 및 숙소 정보

러시아 아스트라한 → 카자흐스탄 아티라우→ 카자흐스탄 베이네우 → 우즈베키스탄 누쿠스 → 우즈베키스탄 우르겐치 → 부하라 → 나보이 → 타슈켄트 → 카자흐스탄 쉼켄트 → 키르기스스탄 비슈케크 → 스카즈카 협곡 →

이식쿨호수 → 바스쿤 협곡 → 카자흐스탄 알마티 → 우하랄 → 세메이 → 러시아 노보시비르스크(6,230㎞)

국가/도시(지역)	숙소명	주소
아스트라한	아스트라한 호스텔 Planeta Lyuks	Началовское шоссе 1 Б, 414004 아스트라한, 러시아
베이네우	호텔 베이네우	
우즈베키스탄 누쿠스	Jipet Joli Inn	Jipek Joli 4, 230103 Nukus, Uzbekistan
우르겐치	Tinchlik Plaza	우즈베키스탄, 호레즘 지역, 우르겐치, Tinchlik Street, 31/1
부하라	ASIA BUKHARA	Uzbekistan, Bukhara, 200118, 메흐타르 암바르 st 55
나보이	나보이 YURT CAMP AYDAR	Dungalak Village, Navoi region, Uzbekistan
타슈켄트	레이크사이드 골프클럽	Lake Rohat #1, Bektemi District, Tashkent, Uzbekistan 100213
키르기스스탄 비슈케크	MARYOTEL	Pobedy Prospekt 351, 비슈케크, 키르기스스탄
바스쿤협곡	Movilla 글램핑 숙소	Movilla Barskoon Barskoon, 이식쿨, 키르기스스탄

국가/도시(지역)	숙소명	주소
카자흐스탄 알마티	Shera Inn Hotel	Khadzhimukan St 47, 알마티, 카자흐스탄, 050067
우하랄	Bastau Grand Hotel	Nauruzbay Street 10, Kaskelen, 알마티주, 카자흐스탄
세메이	세메이 호텔	Kabanbay Batyr Street 26, 071400 Semey, Kazakhstan

결국 병이 나다

조지아 트빌리시에서 러시아까지 약 300km 3시간여 이동. 조지아에서 러시아 국경 넘어가는 중이다. 러시아가 가까워지고 있다. 시간 많이 걸리겠구나. 공기에서 느껴지는 기류가 다르다.

카자흐스탄 아티라우에서 베이네우까지 400km 6시간여 이동했다. 흙먼지와 비포장도로를 달렸다.

이동하는 동안 아티라우시 경찰 에스코트를 받았다. 거기다 더해 멀리서 동포들이 왔다고 정성을 다해 내놓은 한국 음식까지. 몸 둘 바를 모르겠다. 우리가 뭐라고. 고려인들의 강제 이주 역사를 듣는 내내 울컥했다.

평화와 하나 됨을 위한 그들의 메아리를 듣는다.

우즈베키스탄 누쿠스

카자흐스탄 베이네우에서 우즈베키스탄 누쿠스까지 400km 8시간여 이동했다.

어제 흙먼지 날리는 카작의 도로는 시작에 불과했다. 흙먼지와 비포장도로를 끝도 없이 달렸다. 1990년에 만들고 한 번도 손질한 적이 없다는 우즈베키스탄 도로.

도로 가장자리에 버려진 갈기갈기 찢어진 타이어가 도로의 심각성을 잘 말해주었다.

약 400km를 주행하는 동안 주유소도, 휴게소도, 도로 표지판도, 가로등도 없었다.

와이파이는 당연히 안 되었다. 도로에 다니는 차도 없었다. 아침 일찍 출발했는데 날이 어두워져서도 여전히 비포장도로를 달리고 있었다. 주변은 칠흑같이 깜깜해졌다. 가시거리 확보도 힘들었다. 흙먼지 때문에 창문을 내릴 수도 없었다.

우즈베키스탄 부하라

우즈베키스탄 누쿠스에서 부하라까지 약 250km 3시간여 이동.

흙먼지만 일어나는 황량한 사막이다.

카자흐스탄에서 넘어올 때 무리했는가 보다. 그때부터 컨디션이 난조를 보이더니 급기야 오늘은 약을 먹었는데도 정신을 못 차리겠다. 비몽사몽 꿈인지 현실인지 모르겠다. 흙먼지로 뿌연 공기가 나의 정신 상태와 비슷하다. 이슬람 국가에 왔는데 숙소에서 꼼짝을 못 하겠다.

△ 우즈베키스탄 현지인에게 경로 설명

△ 우즈베키스탄 누크스에서 부하라 넘어가는 길

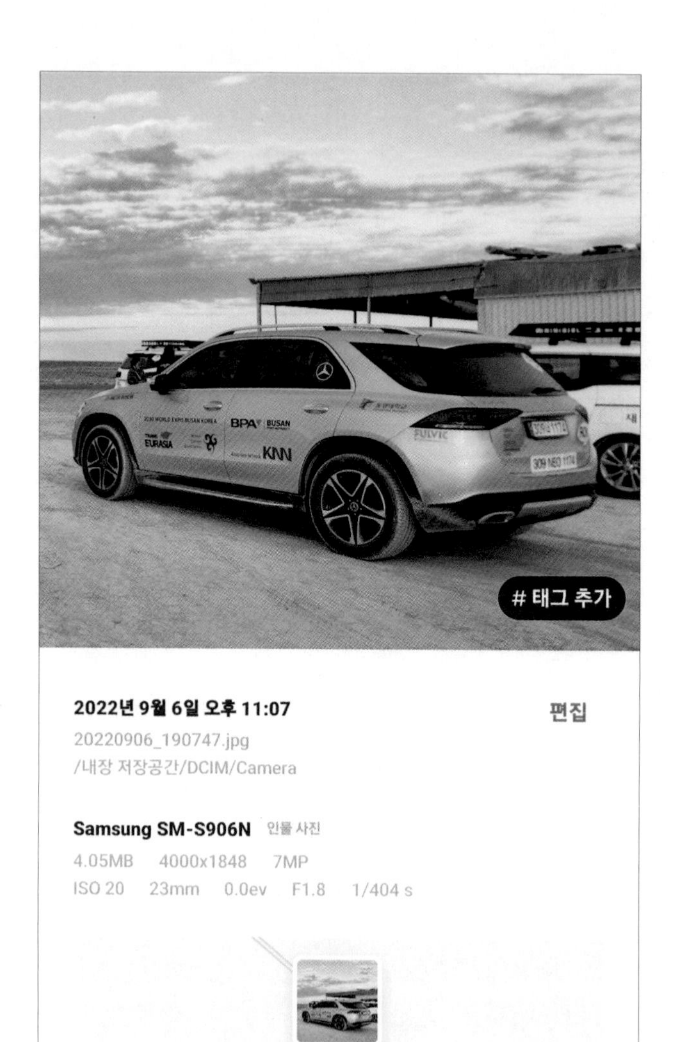

태그 추가
2022년 9월 6일 오후 11:07
편집
20220906_190747.jpg
/내장 저장공간/DCIM/Camera
Samsung SM-S906N
인물 사진
4.05MB 4000x1848 7MP
ISO 20 23mm 0.0ev F1.8 1/404 s
Google
CR8F+576 우즈베키스탄

청정대자연의 나라 키르키즈스탄

우즈베키스탄 타슈켄트에서 카작을 살짝 거쳐 키르키즈스탄 비슈케크로 들어왔다.

오늘 640km 약 14시간 이동하는 동안 국경을 두 번이나 넘었다. 국토의 80%가 사막이고 일 년에 비 오는 날이 거의 없는 우즈베키스탄.

이 황폐한 땅의 기운에 내 몸이 제일 먼저 반응하고 있었다. 건조함으로 내 호흡기는 갈라졌다. 내내 콜록콜록. 몽롱한 약기운에 취해서 꿈을 꾼 건지 생시인지 헷갈릴 정도다.

지나는 길에 거리 과일 시장에서 수박만 한 멜론 한 덩어리를 샀다. 우리 돈으로 천원이 안 되었다. 너무 싸고 맛있었다. 그날 갈라지는 내 호흡기를 축여준 건 멜론 한 덩어리였다.

흙먼지 속에서도 선량한 친절함을 보여 준 우즈베키스탄인들. 기억에 남아있다.

키르키즈스탄 비슈케크

피톤치드가 그윽하다. 멀리 만년설이 보이는 해발 2,200m에 위치한 알라 아르차 국립공원. 깎아지른 듯한 산자락과 거대한 자연 크리스마스트리가 조화롭다. 물의 나라임을 보여준다.

키르키즈스탄 국회의사당에서 국회의원 3명의 환대를 받았다. 엑스포 배지도 달아주면서 기념사진도 찍었다. 키르키즈스탄에서 10여 년 넘게 살고 있는 조정원 대표의 주선으로 이루어진 만남이었다. 좋은 일에 앞장서고 봉사하면서 쌓아 온 조정원 대표의 신뢰 자산이 어느 정도인지 확인할 수 있었다. 국회 차원의 환대에 몸 둘 바를 모르겠다. 감사하면서도 숙연해진다.

키르키즈 국회의사당에서 있었던 국회의원 3명과의 만남의 시간. 한국에 대해 관심이 많았고 민간 차원에서의 교류도 원하고 있었다.

△ 키르키즈스탄 국회의사당에서

순박한 미소의 목동 청년

2022 유라시아원정대 최고의 경관 바르스쿤(Barskoon)!

바르스쿤에 왔다. 이 광경을 보려고 이렇게 돌아왔구나. 우리나라 고구려 때의 심성을 가진 사람들이라고 했다. 말을 탄 목동이 200여 마리의 양들을 몰고 있었다. 사탕을 건네준 목동의 눈빛이 어린아이와 같다. 순박하고 맑은 사람들.

▽ 바르스쿤(Barskoon) 양 떼를 몰고 가는 목동들

△ 우주인 1호 유리 가가린을 기념하는 동상

지구 우주인 1호인 유리 가가린이 우주여행을 마치고 휴식을 취한 곳. 깎아지른 흙산을 타고 흐르는 폭포가 경이롭다. 마치 조경을 한 듯 흙산과 대비되는 하늘. 찌를듯한 산림. 조용히 땅의 기운을 받으며 마음을 들여다본다.

#키르키즈스탄

키르기즈스탄은 중앙아시아의 스위스로 불린다.

기원전 2천 년경부터 중앙아시아에 뿌리를 내리고 중국에 대항해 왔기 때문에 중국 역사에 자주 등장한다. 기원전 1세기까지 흉노와 함께 중국을 끊임없이 공격해서 중국이 만리장성을 쌓게 만든 장본인이기도 하다.

실크로드를 중심으로 맹활약했던 키르기즈스탄은 개발의 손이 덜 닿아 자연환경이 온전하게 보전되어 있는 곳이기도 하다. 특히 일 년 내내 녹지 않는 만년설에 덮여 있는 것으로 유명한 텐산산맥이 국토의 90%를 차지하고 있어서 이 텐산산맥 트래킹을 위한 여행객이 있을 정도라고 한다.

카자흐스탄 세메이

키르키즈스탄 바르스쿤에서 카자흐스탄 알마티까지 약 680km 10시간여 이동.

조정원 대표의 도움으로 3~4시간 예상했던 국경 통과를 1시간 만에 초고속으로 했다.

이번 원정 두 번째 카자흐스탄 입국이다. 이번에도 부산월드엑스포 배지를 건네니 통관 업무를 보는 곱상한 청년 국경 수비대의 미소가 밝게 빛난다. 이 배지가 뭐라고 이리도 좋아한단 말인가.

나도 모르게 자연과 사람들에게서 좋은 에너지를 받고 있었다.

카자흐스탄 우하랄에서 세메이까지 580km 약 10시간여를 이동했다. 비포장도로와 포장도로를 번갈아 가며 넓은 초원을 달렸다.

어디가 하늘이고 어디가 땅인지 분간이 안 간다. 스탄, 땅의 나라

△ 한복을 곱게 차려입고 아리랑을 합창하는 고려인 동포

들이다.

세메이에서 하루 머물면서 러시아 입국 전 마지막 차량 점검을 했다. 간단한 점검인데도 하루를 잡아야 했다. 한국에서는 답답해서

한마디 했을 상황인데도 이제는 기다리는 데 익숙해졌다.

순박하고 친절한 사람들이다. 코리안 드림을 꿈꾸며 한국에 와 있는 이 나라 사람들. 우리의 과거 아메리칸드림이 생각났다. 각박하게 느끼지 않도록 인식이 높아졌으면 좋겠다.

카자흐스탄 그림이나 사진에 빠지지 않고 나오는 달리는 말들. 스탄의 나라답다.

넓은 평야를 질주하는 말들은 그들에게 중요한 생계 수단이자 오랜 기간 함께한 친구였다.

#방랑의 땅 카자흐스탄

국토가 아시아와 유럽에 걸쳐 있는 대표적인 유라시아 나라 카자흐스탄. 세계에서 9번째로 큰 내륙국이며 '방랑하다'는 뜻의 카자흐와 '땅'을 의미하는 탄이 붙어 카자흐스탄이라고 불리게 되었다.

1991년 소련으로부터 독립했고 수도는 누르술탄이다. 소련에 속해 있을 당시 전통적인 유목 생활을 포기하게끔 억압받아 지금은 대부분 정착해 농사를 짓고 가축을 기른다.

#유라시아의 심장 카자흐스탄

카자흐스탄인들은 유라시아의 심장이라고 할 만큼 실크로드의 중심국가로서의 자부심이 강하다. 유라시아 대륙 지도를 반으로 접어 보면 반으로 접힌 부분이 카자흐스탄이기 때문이다. 또한 카자흐스탄은 지리적으로 아시아 대륙과 유럽 대륙에 걸쳐져 있기 때문에 겨울에 가면 얼어붙은 강 위를 걸어서 아시아에서 유럽으로 유럽에서 아시아로 두 대륙을 넘나드는 경험을 할 수 있다고 한다.

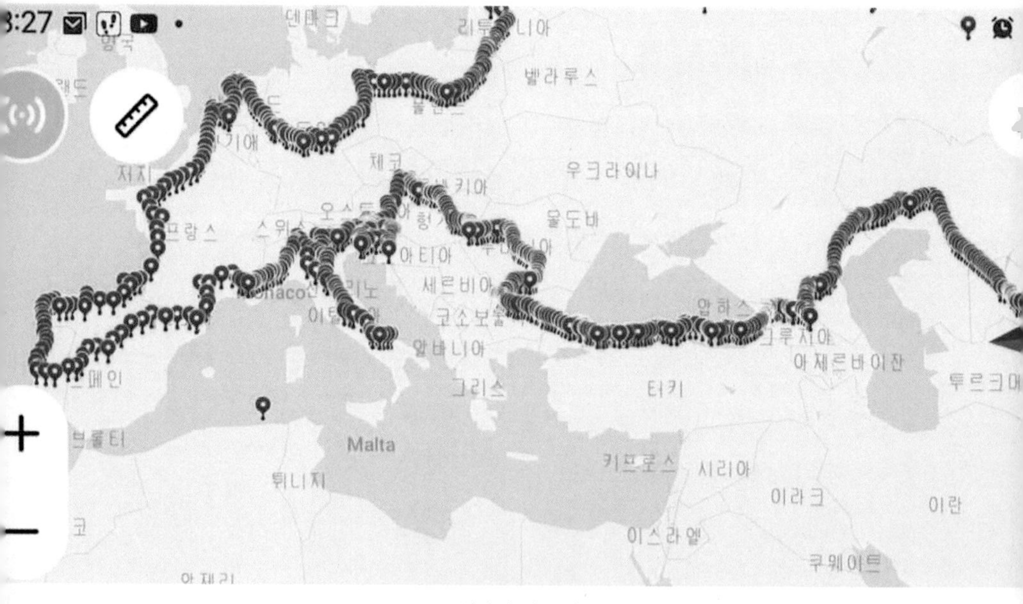

△ 107일간의 이동 경로

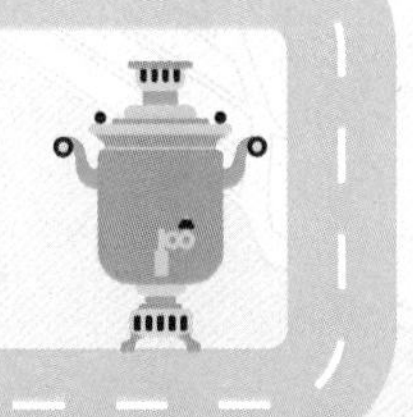

러시아를 통과하며

이동 경로 및 숙소 정보

러시아 노보시비르스크 → 아친스크→ 니즈네우딘스크 → 이르쿠츠크 → 울란우데 → 치타 → 모고차 → 스보보드니→ 하바롭스크 → 우수리스크→ 블라디보스토크 → 동해항 → 부산 도착(6,334㎞)

국가/도시(지역)	숙소명	주소
아친스크	Gestinyy Dvorr Ip Fedotov	Krasnoyarskaya Ulitsa, 25, Achinsk, Krasnoyarskiy kray, 662150
니즈네우딘스크	Gostinitsa Magistra	Krasnoarmeyskaya Ulitsa, 43, Nizhneudinsk, Irkutsk Oblast, 665102
이르쿠츠크	Viva Hostel	Ulitsa Sukhe-Batora, 8, Irkutsk, Irkutsk Oblast, 러시아 664011
울란우데	Khutorok Hotel	Ulitsa Naberezhnaya, 14, Ulan-Ude, Buryatia, 러시아 670000
스보보드니	스보보드니 호스텔	Shkol'naya Ulitsa, 57/1, Svobodny, Amur Oblast, 러시아 676450
하바롭스크	Kakadu Hostel	Ulitsa Sheronova, 10, Khabarovsk, Khabarovsk Krai, 러시아 680030
우수리스크	호텔 우수리스크	Ulitsa Nekrasova, 64, Ussuriysk, Primorsky Krai, 러시아 692519
블라디보스토크	AVANTA 호텔	Gogolya Street 41, 690990 블라디보스토크, 러시아

다시 러시아로

이번 원정대 마지막 국경인 러시아 국경을 넘었다.

노보시비르스크에서 아친스크까지 약 680km 10시간여 이동.

6월 말 지나갔던 자작나무 길을 돌아가는 길에 다시 지나간다. 푸르고 은빛 나는 자작나무 숲이 황금빛으로 변해 있었다. 다시 봐도 너무 아름다워 여독에 지친 마음이 깨끗하게 정화되는 느낌이다.

꿈같이 지나가는 시간 속에 있다.

△ 황금빛 자작나무가 우거진 시베리아횡단 도로

이르쿠츠크의 남만춘 다리

초겨울 폭설로 인한 험난한 여정이 예상되어서 몽골로 가려던 코스를 러시아로 변경했다. 니즈네우딘스크에서 이르쿠츠크와 울란우데를 거쳐 치타까지 4일간 약 1,580km 이동했다. 달리고 자고 달리고 자고를 반복하며 마침표를 향해 간다.

4일 만에 페북 포스팅을 올린다. 숙소에서도 페북이 잘 안 열리는 걸 보니 러시아에 와 있구나.

치타 넘어가는 길 도로변에 AH6 번 표지판이 보여서 얼른 사진을 찍었다. 너무 반갑다. 대한민국 부산이 출발점인 이 도로를 타고 이제는 블라디보스토크를 향해 달린다.

이르쿠츠크에서 잠깐 쉬어갔다. 식사는 간단히 하고 서둘러 글라디코브스키 다리에 갔다.

볼셰비키 혁명 당시 러시아 사관생도였던 남만춘이 고려인 25명을 구성해서 혁명 전투에 참가했던 곳이다. 남만춘만 제외하고 모두가 전사했다.

그때 참가한 고려인들은 20대 초반의 조선 청년들이었다. 일제에 대항해서 무력 투쟁을 했던 조선의 청년 남만춘을 기리기 위한 다리.

일명 '남만춘 다리'로도 불리는 글라디코브스키 다리에서 그날의 상황을 떠올려 본다.

△ 러시아 이르쿠츠크 남만춘 다리 앞

△ 도심 한복판에 세워져 있는 레닌 동상

P-258, Respublika Buryatiya, 러시아 671220

치타에서 스보보드니까지

치타에서 모고차까지 약 610km 8시간여 이동.

시베리아에서 9월의 눈을 보았다. 그리 춥지도 않았는데 눈이 내렸다. 우리 기준으로 폭설이었다. 러시아 위쪽 도시로 왔구나. 날마다 새로운 광경에 눈이 휘둥그레진다.

모고차 휴게소에 잠깐 들렀다. 한국인 젊은 여성 2명을 만났다. 1년 반 예정으로 동해에서 출발해서 유럽까지 자동차로 달릴 거라고 했다.

우리가 지나온 길이다. 대단하고 젊은 패기다. 가지고 있던 비상식량인 라면과 고추장 등을 나눠 주었다. 앞으로 요긴하게 쓰일 거다. 여행은 작은 것도 소중함을 알게 해준다.

모고차에서 스보보드니까지 약 750km 11시간여 이동.

환상의 자작나무 눈꽃 길을 여한 없이 달렸다.

어제 두 자매에 이어 이번에는 아프리카 잠비아에서 블라디보스토크까지 자동차로 혼자 이동한다는 한국 여성을 도로 휴게소에서 만났다. 여럿이 하기에도 힘든 대륙횡단을 혼자 하다니 정말 대단하다. 그것도 여성 혼자.

겉으로 내색은 안 했지만 그동안 힘들다고 투덜거린 나 자신이 부끄러워졌다.

여행의 기억은 사람들에게서

블라디보스토크 청년

스보보드니에서 하바롭스크까지 약 770km 11시간여 이동.

어제는 눈꽃 길을 달리고 오늘은 가을 단풍길을 달렸다. 워낙 땅이 넓다 보니 하루 만에 계절을 넘나든다. 우리나라에서는 상상도 못 할 일이다.

참으로 오묘하고 신비한 자연의 세계다.

달리고 자고를 반복한다. 폭설로 도로가 막히기 전에 통과해야 한다. 앞만 보고 달리기만 했다. 그러고 보니 어제 지나왔던 스보보드니가 우리에게는 '자유시 참변'으로 유명한 자유시였다는 것을 떠나면서 알게 되었다. 잠깐이라도 들러 묵념이라도 하고 왔더라면 좋았을 것을. 사전 조사가 부족했다.

하바롭스크 도착해서 들어간 한국식당 이름이 'BUSAN'이다. 부산이라는 단어가 반갑다. 긴 여정과 종일 답답했던 마음이 얼큰한 육개장을 먹으니 조금 풀리는 것 같다.

차량에 경고등이 들어왔다. 그 긴 거리를 달렸는데 올 것이 온 거다. 블라디보스토크 도착 전에 점검하려고 정비소 여러 군데 돌았으나 일요일이라고 안된단다. 내일 출발해야 하는데 걱정이다.

잠깐 시간을 내서 우쪼스 절벽에 왔다.

1918년 한인사회당 간부들이 백위파에 체포되어 하바롭스크로 끌려와 있던 중 일본군이 하바롭스크를 점령한다. 그때 사회당 간부 중 3명은 중국인으로 변장하여 탈출에 성공한다. 김 알렉산드라만이 체포되어 심한 고문을 받았다. 처형되어 버려진 곳이 이곳에 있는 죽음의 골짜기 우쪼스 절벽이다.

러시아 곳곳에 무장 독립투쟁을 했던 조선의 청년들이 있었다. 그들의 희생이 있었기에 오늘 우리가 있는 건데 그런 사실조차 오늘에야 알게 되었다.

우리 청년들이 유라시아 대륙을 찾고 횡단해야 하는 이유이다.

두 번째 하바롭스크

하바롭스크에서 우수리스크를 거쳐 블라디보스토크까지 이틀에 걸쳐 750km 이동.

점검 경고등이 며칠째 뜨고 있다. 동해항으로 가는 선박에 실으려면 오후 2시까지 블라디보스토크 세관에 차량을 입고해야 한다. 여기까지 잘 왔는데 혹시라도 세관에서 멈추면 어쩌지 걱정이다.

블라디보스토크 넘어오는 길에 급하게 알아보니 가까운 곳에 서비스센터가 있었다. 예약제인 센터에 사정을 설명하고 초고속으로 정비를 마쳤다. 결제하려는데 카드 여러 개가 다 안 된단다. 잠깐 잊고 있었다. 여기가 러시아였다는 것을. 가지고 있는 현금은 턱없이 부족했다. 염치 불고하고 또 사정을 설명했다. 가지고 있는 돈이 없다고.

세관에 차량 입고하고 현금 준비해서 센터 문 닫기 전까지 오라고 한다. 몇 번을 인사하고 일단 차량 입고부터 마무리했다. 환전 도움을 받기 위해 현지 가이드한테 말하니 30년 동안 러시아에 살았지만 이런 일은 처음이라며 있을 수 없는 일이라고 깜짝 놀란다. 우리를 도와주고 상사에게 야단맞았다는 말을 전해 들었다.

한시도 지체할 수 없어 가이드한테 현금을 빌려서 다시 찾아갔다. 그리고 그 러시아 직원에게 물어봤다. 우리에게 왜 그런 호의를 베풀었냐고. 우리 뭘 믿고. 배 타고 그냥 가버리면 어쩌려고.

△ 친절한 러시아 청년 예고르

△ 120여 일 만에 다시 온 이곳

전에 부산에 간 적이 있는데 그때 좋은 기억이 있다고 했다. 그리고 우리 인상이 좋아서 믿어도 될 것 같다고 했다. 너무 감사하고 고마운 러시아 청년이다.

연락처를 받아 들고 생각한다. 이 청년에게 보은할 수 있는 방법이 없을까 하고.

120여 일 만에 다시 찾아온 이곳 블라디보스토크.

건강하고 안전하게 다시 와 줘서 고맙다. 차량 세관에 입고하고 5일째 블라디보스토크에 머무는 중이다.

출발할 때도 열흘 정도 머물렀었는데.

멀리 북한 바다가 보인다

프리모르스키

러시아 연해주 프리모르스키에 왔다. 고구려 광개토왕 때는 우리 땅이었다고 한다. 신라가 3국 통일 후 패망한 고구려인들이 옮겨가서 만든 나라인 발해유적이 이루어지기도 한 이곳. 조선말 항일 의병, 일제 강점기 항일 지사들이 이곳에서 독립의 꿈을 키운 곳이기도 하다. 스탈린에 의해 중앙아시아로 강제 이주를 당하기까지 해외 독립운동의 요람인 이 지역은 북한과는 접경지역이다.

전망대에서 바라본 북한 마을. 너무 가깝게 느껴진다. 마을 굴뚝에서 연기가 나는 것도 보인다. 아직은 현대식 주방이 덜 갖추어졌을 것 같은 부엌에서 저녁 식사 준비로 분주하지 않을까. 정겨운 우리 조상들이 떠오른다.

△ 러시아 프리모르스키 단지동맹비

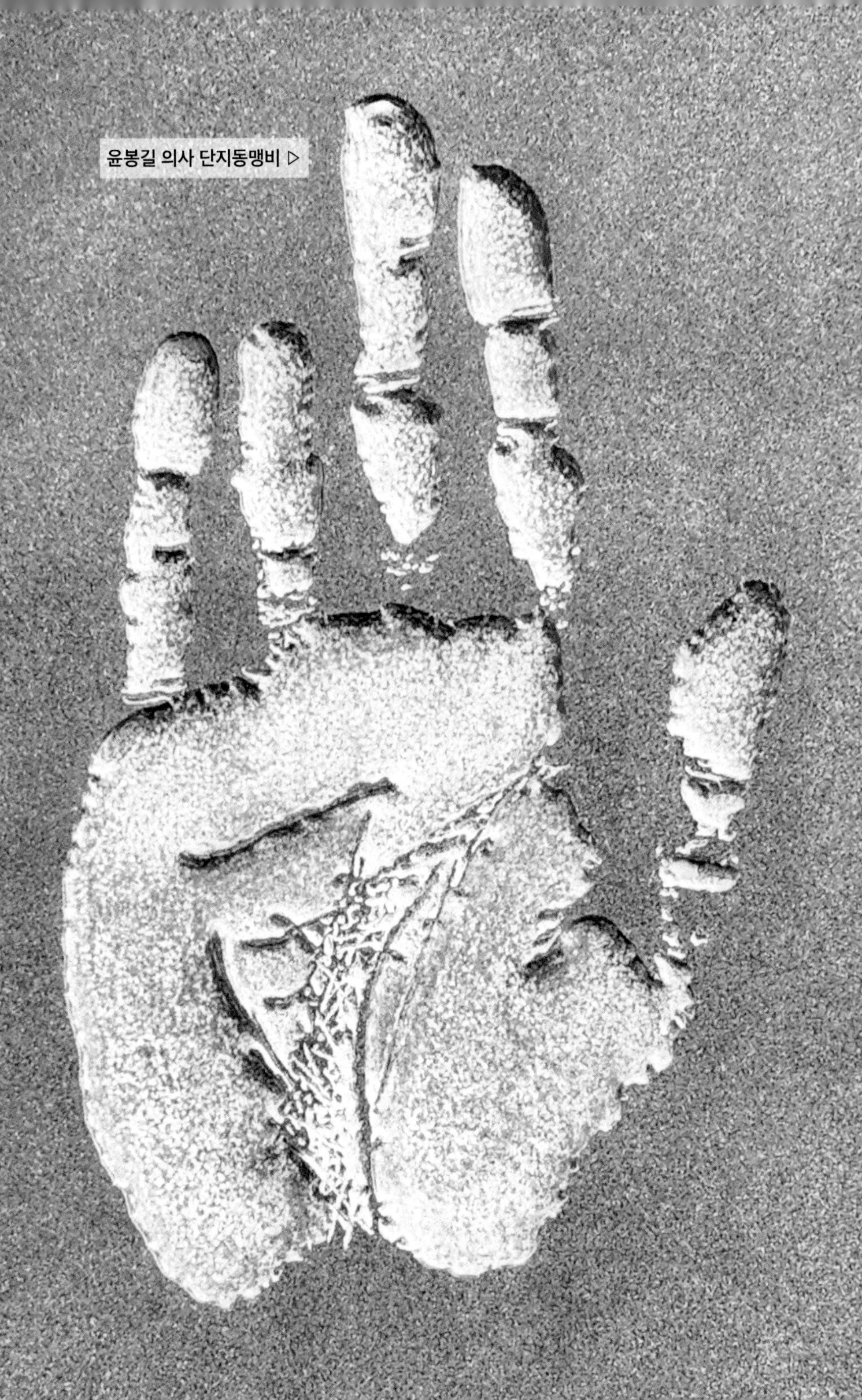

윤봉길 의사 단지동맹비 ▷

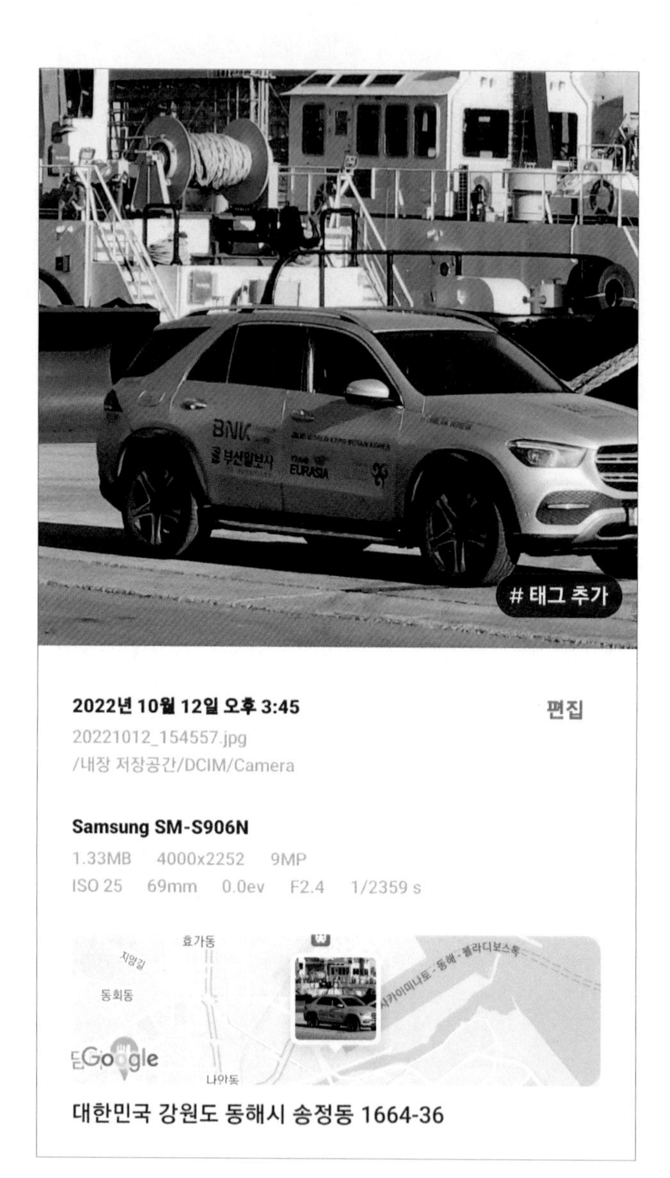
BNK
EURASIA
태그 추가
2022년 10월 12일 오후 3:45
편집
20221012_154557.jpg
/내장 저장공간/DCIM/Camera
Samsung SM-S906N
1.33MB 4000x2252 9MP
ISO 25 69mm 0.0ev F2.4 1/2359 s
효가동
동회동
Google
대한민국 강원도 동해시 송정동 1664-36

드디어 동해항에 도착했다. 133일간 43,000km의 여정을 마치고 건강하고 안전하게 도착했다.

여행의 종착지는 집이다. 이제 집으로 가자.

횡단 후 이야기

#제28회 부산국제영화제 커뮤니티 비프 상영작으로 선정

제28회 부산국제영화제
커뮤니티비프
트랜스유라시아 2022
유라시아 평화원정대
김태균 감독
309나 1174
공동주최주관
사단법인 트랜스유라시아 / 부산일보 / 동명대학교
제작
(사) 트랜스유라시아
후원
BNK / 부산항만공사 / KNN / 스타자동차

#KBS1 <세상다반사> 방송

youtube.com

[세상다반사] 부산발 유라시아 횡단기 | KBS 240925 방송

1) 해외 자동차 여행을 위한 서류 준비

① 국제운전면허증: 전국 운전면허시험장, 경찰서에서 발급
② 자동차등록증: 국문 원본, 영문 원본(시청, 도청에서 발급), 공증본-2개 언어 (러시아어, 스페인어), 각각 사본 1부
③ 자동차 사진
④ 여권: 유효기간 6개월 이상일 것
⑤ 비자: 대부분 비자 면제국
- 3개국 개별 비자 필요: 몽골, 아제르바이잔, 타지키스탄
⑥ 여행자 보험: 개별 가입, 국문/영문가입증서

2) 차량 일시 수출을 위한 준비

① 국내 자동차 책임보험 유지 (여행 기간 동안 유지)
② 자동차 정기 검사 받기 (여행 기간 동안 검사 만기 전 유지)
③ 차량 선팅 제거

④ 국가식별기호 ROK 스티커: 관할구청/차량등록사업소에서 교부

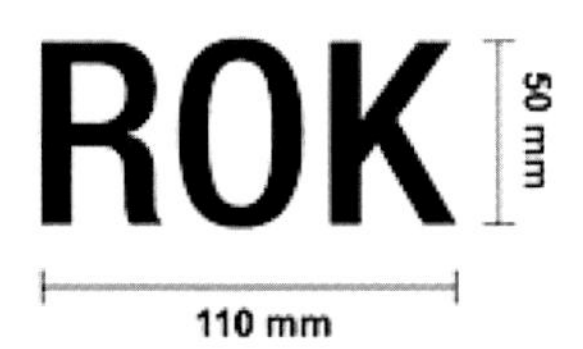

⑤ 영문 국제번호판: 차량 뒷면과 운전석 앞쪽에 부착

3) 자동차 비치품 준비

① 필수 항목

- 면허증. 자동차등록증, 자동차 보험증서(국문, 영문)와 관련 연락처, 자동차 매뉴얼
- 스페어타이어
- 길가 비상 키트(Roadside Emergency Kit)

  배터리 점프 케이블, 2개의 라이트 스틱, 반사 조끼, 우비, 경고, 삼각형, 호루라기, 타이어 압력 게이지, 창 차단기(Window Breaker)

② 차량 소모품

와이퍼 워셔액(곤충 제거 전용 워셔액도 있음), 엔진오일과 필터, 냉각수와 부동액

③ 예비용 차량 부품 및 용품

스노체인, 스노우 삽, 아이스 스크레이퍼

④ 여행 편의용품 / 공구 세트

- 종이 지도, 현금, 노트북/펜/연필, 손전등, 휴지, 침낭, 여행 베개, 물병, 햇빛 가리개, 벌레 퇴치 약, 전기 온풍기 및 USB 선풍기, 작은 아이스박스, 핀셋/스위스 육군 칼, 쓰레기봉투, 충전기/USB 코드, 휴대용 와이파이. 우산

⑤ 비상용품

- 여분의 자동차 키, DC-AC 인버터(차 전력 12v를 220v로 전환)

⑥ 자동차 필수 비치 품목 (법률 규정)

- 반사 조끼(차량 탑승 자수만큼 차량 내부)
- 경고 삼각형, 음주 측정기 (프랑스 인증마크 NF 필)
- 응급처치 키트(반창고, 붕대, 소독제, 해열진통제, 멀미약, 소화제, 지사제, 종합감기약, 소독약, 상처 연고, 밴드, 개인 복용 약)

4) 자동차 보험: 현지 및 국경에서 가입 (필수)

① 러시아: 개별 보험

② 그린카드(유럽통합): 라트비아 입국 시. 오스트리아, 벨기에, 불가리아, 독일, 스페인, 프랑스, 헝가리, 크로아티아, 이탈리아, 리투아니아, 네덜란드, 포르투갈, 폴란드, 루마니아, 슬로베니아, 스위스 포함

③ 그 외 개별 보험 국가들: 터키, 조지아, 아르메니아, 아제르바이잔, 카자흐스탄, 우즈베키스탄, 키르기스스탄, 타지키스탄, 몽골

5) 해외여행자 보험: 국내에서 개별 가입 (일부 국가에서 필수)

보상 항목	삼성화재 다이렉트 해외여행/ 유학보험 https:// direct.samsungfire.com	어시스트 카드 트래블케어 https:// www.assistcard.co.kr/
상해사망/후유장해	특약 추가	○
여행 휴대품 손해	특약 추가	○
우리말 도움 서비스	○	○
모바일 가입 서비스	○	○
상해, 질병 의료비 지원	○	○
현지 제휴병원 예약	X	○
한국 의료진 전문 조언	X	○
타인에게 끼친 손해 지원	특약 추가	X
항공편 지연/결항 지원	○	○ 여권 분실 수하물 지연 지원 포함
의료 이송 서비스	X	○
예시 비용 (1965년생)	133일 - (여성) 80만 원대 - (남성) 90만 원대	150일 기준 - (여성) 70~100만 원 - (남성) 80~115만 원

- 보험 증권은 국문과 영문 각각 1부 여행 시 소지
- 일부 국가들에서 필수적으로 요청하는 사항
- 안전하고 건강한 여행을 위해서 미리 가입하는 것을 추천

○ 추천 보험 예시

6) 통신 수단

① 해외 로밍: 통신사별로 가입 (통화 / 데이터 구분)

예시) KT 데이터 해외 로밍 4G/30일 44,000원

② 공공 Wi-Fi

③ 국제 SIM 카드(International SIM Card)

- 해외 여러 나라 가능
- 로밍보다 저렴함
- 품질이 약한 경우 많음

④ 기타 로컬 SIM 카드(Local SIM Card), eSIM(Embedded SIM Card)

7) 내비게이션 앱

① 구글 지도(Google Maps)

② 웨이즈(Waze)

③ 맵퀘스트(Map quest)

④ 맵스미 (Maps me)

8) 여행 중 유용한 웹사이트

① 육로

- 트레블 바이 카 (https://autotraveler.ru/): 통행료 내는 도로, 교통 규칙, 연료 가격 등을 알 수 있는 사이트
- 유럽의 하이웨이 (http://www.highwaymaps.eu/): 유럽 내 국가별, 도로 별 지도 확인 가능
- 실시간 도로 상황: VIAMICHELIN (www.viamichelin.com/web/Traffic)
- 유럽 실시간 국경 상황: https://live.sixfold.com/
- 실시간 국경 통과 웹 기반 프로그램: Cargo Apps (apps.impargo.de/planner)

② 해상

- 마린트래픽(www.marinetraffic.com): 전 세계 선박 트래킹 사이트로 항구, 선박 출발 도착, 현재 선박 위치 등 파악

③ 항공

- 플라이트레이더24(www.flightradar24.com): 전 세계 항공기 경로 사이트

9) 유럽 도로 상식(나라별 교통법)

① 유럽의 도로 종류: 3종류

- 고속도로: 속도제한 120km/h ~ 130km/h
- A 도로: 도시 사이 연결 도로, 속도제한 80km/h ~ 90km/h
- B 도로: 마을과 도시 연결 작은 도로, 속도제한 50km/h

② 유럽의 자동차 운행 일반 규칙

- 원형교차로: 교통량이 한 방향으로 흐름 (선진입자 상시 우선)
- 헤드라이트: 많은 유럽 국가에서 상시 점등

③ 유럽의 나라별 교통법

국가	교통법
벨기에	• 우선권: 버스 트램은 항상 오른쪽에서 오는 운전자 • 운전 중 휴대전화 허용하지 않음. 핸즈프리 통화는 허용 • 계속 켜져 있는 주황색 불빛으로 운전하는 것은 금지 • 운전자뿐 아니라 모든 승객 안전벨트 착용 • 차량에 소화기와 구급상자 비치 (외국 등록 차량은 해당 안 됨) • Cruise Control(크루즈 컨트롤) - 자동차가 자동으로 특정 속도를 유지하며 운행하게 해주는 기능

국가	교통법
프랑스	• Priorité à droite (우측 우선): 교차로에서 우측에서 오는 차량이 우선권을 가짐 • 자동차에 음주 측정기를 장착해야 함 • 운전 중 휴대전화 사용 금지(핸즈프리 사용 불가) • 적색등에 우회전 안됨 • 모든 승객은 안전벨트 착용 • 10세 미만의 어린이는 반드시 뒷자석에 앉혀야 함 • 임박한 충돌을 피하기 위한 것이 아니면 경적 울리는 것은 도시에서는 불법
독일	• 환경녹색구역: 외국인 등록 차량을 포함한 모든 차량은 해당 구역을 통과하기 위해 환경 배지가 있어야 함 • 헤드폰 끼고 운전하는 것은 불법(핸즈프리 장치를 사용해야 함) • 속도제한은 도시 지역, 도로 상태가 불량한 지역 또는 사고가 발생하기 쉬운 지역에 설정됨 • 특정 기상 조건에 대한 제한도 설정되어 있으며 엄격하게 적용됨
이탈리아	• 거꾸로 된 빨간색과 흰색 삼각형이 있는 표지판은 통행 우선권이 없음을 표시 • 적색 신호등에서는 우회전이 절대 허용되지 않음 • 보행자 전용 도로(zona traffico limitato 또는 area pedonale 표지판으로 표시)에는 진입할 수 없음 • 보행자 전용 도로는 내비게이션에 나타나지 않음
룩셈부르크	• 고품질 도로 • 무료고속도로 네트워크 • 왼쪽으로 추월 • 핸즈프리 휴대폰 사용 허용 • 운전자 포함 모든 승객은 안전벨트를 착용해야 함 • 경적은 비상 상황에서만 사용

국가	교통법
네덜란드	• 추월은 왼쪽에서 • 휴대폰 핸즈프리 사용만 허용(사용 안해도 휴대폰 소지는 불법) • 차량 탑승자 모두 안전벨트 착용 • 오른쪽에서 오는 차량 우선, 하차할 때 버스 우선. 이 외에는 트램이 우선
포르투갈	• '운전하기 어려운 나라', '높은 사고율'로 알려진 나라 • 오른쪽으로 추월하면 1,000유로 벌금 • 3차선 고속도로에서는 중앙차로가 추월차로 • 정지 신호에서 멈추지 않으면 높은 벌금 • 모든 휴대전화 사용은 600유로의 벌금 • 벌금은 현장에서 징수 • 반사 재킷, 경고 삼각형 구비 • 도로 조명이 좋지 않음
러시아	• 러시아 도로는 크고 혼잡하며 교통 체증이 심함 • 18세 이상 운전 가능 • 흰색 선 넘는 것 금지 • 적색 신호등에서 우회전은 녹색 화살표 신호 없이는 허용되지 않음 • 히치하이커를 태우는 것은 불법 • 번호판이 진흙으로 덮인 상태에서 더러운 차를 운전하면 벌금 부과
스페인	• 사고 발생 경우 대비 빨간색 경고 삼각형 2개, 고속도로 측면에서 차량 외부의 모든 사람이 착용해야 하는 반사 재킷 있어야 함(재킷은 차에서 내리기 전 입도록 트렁크 아닌 차 안에 보관) • 안경을 착용하는 운전자는 스페어 안경 있어야 함 • 일부 스페인 도시에서는 도로 측면 주차 주차가 허용되며, 날마다 변경됨 • 모든 휴대전화 사용 금지 • 대부분의 경우 왼쪽에서 추월 • 매우 엄격한 음주 및 운전 법규 준수

국가	교통법
스위스	• 유료 도로 사용용 스티커(비네트): 유료 도로 무제한 사용 가능 • 자동차 사고 발생 시 경고 삼각형 필요 • 처방 안경을 착용하는 운전자는 예비 안경 준비 • 휴대전화 사용 금지 • 모든 승객은 안전벨트 착용 • 현장 벌금 부과

10) 유럽 도로 통행료

○ 유로비네트(Eurovignette): 유럽에서 사용

- 차량의 도로 실지 운행 기간을 기준으로 부과되는 통행료
- 국경 교차로 및 주유소 등에서 구매
- 스위스는 연간 비네트 구입 필요

11) 겨울철 / 비상시 자동차 운전 대비

① 자동차 방한하기

- 배터리 테스트(온도가 떨어지면 배터리 전원도 떨어짐)
- 냉각 시스템이 제대로 작동하는지 확인

- 더 깊고 유연한 트레드가 있는 겨울용 타이어 장착
- 사계절 타이어 사용의 경우, 타이어 트레드를 확인하고 1.6mm(2/32inch) 미만이면 교체
- 타이어 공기압 확인(온도가 떨어지면 타이어 공기압도 떨어짐)
- 와이퍼 블레이드를 확인하고 필요한 경우 교체
- 영하 30도 등급의 와이퍼 액 추가

② 자동차 비상 대비 키트

- 적절하게 팽창된 스페어타이어, 휠 렌치 및 삼각대 잭
- 점퍼 케이블
- 도구 키트 및 다목적 유틸리티 도구
- 손전등 및 추가 배터리
- 반사 삼각형과 밝은 색상의 천으로 차량을 더 잘 보이게 함
- 나침반
- 거즈, 테이프, 붕대, 항생제 연고, 아스피린, 담요, 비라텍스 장갑, 가위, 하이드로코르티손, 체온계, 족집게, 즉석 냉찜질이 포함된 응급 처치 키트
- 무염 견과류, 말린 과일 및 딱딱한 사탕 등 부패하지 않고 고 에너지 식품
- 식수
- 도움을 받기 위해 걸어야 하는 경우를 대비한 반사 조끼

- 휴대폰용 차량용 충전기
- 소화기
- 덕트 테이프
- 우비
- 눈 솔, 삽, 앞 유리 워셔액, 따뜻한 옷, 담요 등

12) 연료 충전

① 유인 휘발유 펌프

- 유인 스테이션 여부가 확실치 않다면 차에서 내려 몇 초간 기다려서 누군가 다가오면 유인 스테이션일 확률이 높음
- '가득'의 의미는 "fill up" 또는 "full tank"로 표현

② 유의사항

- 밤에 주유하는 경우 안전 유지에 신경 쓰고, 주변을 살피는 것을 권함
- 지방 도로에 있는 대부분이 24시간 주유소는 야간 창문이 있음
- 요금 지불 후 차로 돌아갈 때 현금을 주의할 것

③ 기타

- 디젤 가격이 무연 휘발유보다 비싼 경우가 많음
- 일반적으로 유럽의 대부분은 납 휘발유를 사용하지 않으므로 자동차가 무연으로 작동하는지 확인 필요

13) 국경 통과

① 국경 통과 유용한 사이트: EUR-Lex(https://eur-lex.europa.eu/)

② 국경 검문소

- 국경 검문소에서는 국경에 들어오는 것 통제 및 본인 확인을 함
- 24시간 운영 국경 검문소를 제외하면 보통은 오전 9시에 오픈
- 경찰이나 군인이 여권 확인

③ 출입국(여권) 심사 "Passport Control"

- 여권 도장과 자동차를 전산등록하는 과정
- 필요한 서류: 여권, 영문 자동차 등록증, (때에 따라 한국 자동차 운전면허증 원본, 한국자동차등록증), 러시아 및 독립국가의 경우 러시아 자동차등록증이 있으면 처리가 빠름

④ 세관 심사

- 총, 마약과 같은 위험물이나 불법 제품 또는 각 나라가 정하는 기준 이상의 물건을 적발하기 위함
- '약'을 소지하는 경우, 설명서가 없는 약의 경우 제지당할 수 있으므로 처방전 등을 미리 준비하는 것이 도움이 됨

⑤ 국경 검문소 본인 확인 및 출국

- 여권 도장 확인

대 한 민 국
REPUBLIC OF KOREA
국제 자동차 교통
국 제 운 전 면 허 증
INTERNATIONAL DRIVING PERMIT
1949. 9. 19의 도로교통에 관한 협약
발급지 ISSUED AT BUSAN, KOREA
발급년월일 DATE OF ISSUE 2022
면허번호 PERMIT NO
부 산 경 찰 청
COMMISSIONER OF
BUSAN METROPOLITAN POLICE

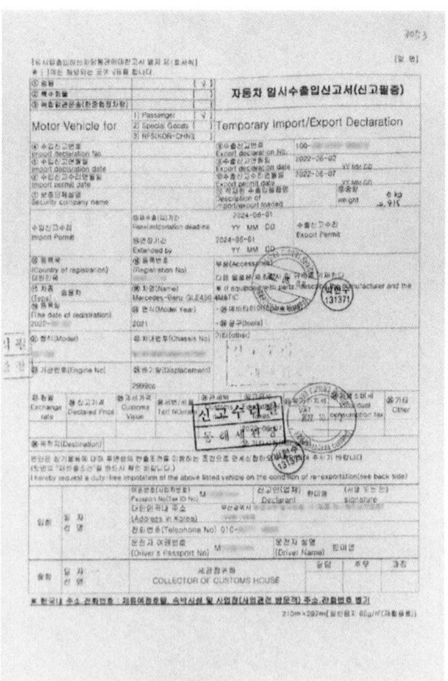
자동차 임시수출입신고서(신고필증)
Motor Vehicle for Temporary Import/Export Declaration
COLLECTOR OF CUSTOMS HOUSE

△ 함께 완주하신 분들

참고문헌

『유라시아 견문 1, 2, 3』, 이병한 지음, 서해문집

『줌인 러시아 1, 2』, 이대식 지음, 삼성경제연구소

『걸어서 세계 속으로, 나홀로 세계여행』, KBS

『튀르크인 이야기』, 이희철 지음, 리수

『몽골제국과 세계사의 탄생』, 김호동 지음, 돌베개

『흉노제국 이야기』, 장진쿠이 지음, 남은숙 옮김, 아이필드

『지리의 힘』, 팀마샬 지음, 김미선 옮김, 사이

『시시콜콜 네덜란드 이야기』, 벤코츠 지음, 임소연 옮김, 미래의 창

위키백과